Чуличков О. Г.

Математический потенциал: «...время собирать камни...»

США   2016

Oleg G. Chulichkov

Mathematical potential:
"…a time to gather stones together…"
(in Russian)

Publisher "DNA", Israel
Printed in United States of America, Lulu Inc.
    catalogue 19773035, ISBN 978-1-365-51600-9
Contact Information –
    publisherdna@gmail.com
    Fax: ++972-8-8691348
    Adr: POB 15302, Bene-Ayish, Israel, 60860

ISBN 978-1-365-51600-9
9 781365 516009
90000

USA   2016

Аннотация

Для широкого круга читателей, интересующихся основаниями математики, предлагается обзор пути становления современной математики, фундамент которой был заложен в эпоху древних шумер и укреплен мыслителями Древней Греции. Обсуждаемая версия оснований науки фактически представляется весьма плодотворным компромиссом, позволяющим при ее последовательном расширении учесть достижения всех математических школ, начиная, в первую очередь, с эпохи древних шумер, пифагорейской и вплоть до современных, опирающихся на идеи конструктивизма, логицизма, формализма и теории множеств, оставаясь при этом открытой и для дальнейшего развития в будущем.

Просьба, замечания и предложения сообщать по адресу:
chulichkov2010@yandex.com

Оглавление

«...гораздо больше правды в том, что он видел раньше,
чем в том, что ему показывают сейчас?»
Платон. Собрание сочинений Т.3,
Книга 7, стр. 350

Введение

При всей значимости математики для современного общества и ее многотысячелетней истории до сих пор отсутствует единое, приемлемое для всех изложение ее основ. Существуют различные школы, представившие свое видение на данный предмет. Каждая из них, исходя из собственного мировоззрения и свойственной ей философии, выбирает определенные понятия и принципы, полагает их в фундамент возводимой на его основе конструкции, а затем приводит конкретные примеры, построения тех или иных математических структур. При этом каждая из них добивается весьма впечатлительных успехов. Тем не менее, для всех школ имеется одна общая проблема. Существуют факторы, не позволяющие на основе концепции одной конкретной школы непротиворечиво построить не только отдельные структуры, но и всю математику в целом. Вывод напрашивается сам собой: слишком многогранна наука и чрезмерно узки, выдвигаемые концепции. Требуется иной подход. Исторический анализ ключевых вех формирования математики, как науки, показывает, что весьма плодотворной может быть предлагаемая в данной монографии версия оснований математики. Она не только не исключает из рассмотрения достижения тех или иных математических школ, но в ее рамках так или иначе должны быть востребованы для решения конкретных задач все уже существующие достижения математической мысли и, кроме того, она остается совершенно открытой для дальнейшего развития в будущем.

Примечательно и то, что теоретическая конструкция, в основу которой положена, по сути, физическая концепция, весьма эффективно может быть использована и для анализа принципиально важных вопросов физики.

Ссылки на примечания указаны в виде *(прим. 1)*

Часть 1. Конструктивная математика шумеров

1. Корреляция метрик

Рассмотрим геометрию на плоскости. Пусть задана окружность некоторого радиуса R. Впишем в нее правильный n-угольник $P_n(R)$, разделив окружность на n равных частей. Соединим вершины полученного многоугольника $P_n(R)$ с центром окружности. В результате произведенной триангуляции T_{Pn} многоугольника $P_n(R)$ вся его площадь S_Σ и полный центральный угол E_Σ рассекаются на n равных частей. Используем данное свойство правильных многоугольников в триангуляции T_{Pn} для построения единой системы метризации площадей и углов, формируемых плоскими геометрическими объектами.

Элементом сети триангуляции T_{Pn} правильного n-угольника $P_n(R)$ является равнобедренный треугольник $\Delta(1/n, R)$. Площадь данного треугольника и угол при его вершине составляют $1/n$ часть соответственно всей площади S_Σ и полного угла E_Σ многоугольника $P_n(R)$, причем независимо от радиуса R описанной окружности.

Считая известным принцип метризации площадей, рассмотрим следующий способ построения угловой метрики. Для начала выберем направление обхода (по или против часовой стрелки) внутри многоугольника $P_n(R)$ и упорядочим все треугольники $\Delta(1/n, R)$, приписав каждому из них целочисленный индекс от 1 до n. Приняв за единицу E_Δ измерения углов угол $E_{\Delta i}$ при вершине треугольника $\Delta(1/n, R)_i$, т.е. $\{E_{\Delta i} \mid E_\Delta = E_{\Delta i} = 1\}$, можно вычислить величину E_Σ полного угла, просуммировав все углы $E_{\Delta i}$: $E_\Sigma = \sum_{(1)}^{(n)} E_{\Delta i} = n$. Аналогично, приняв за единицу S_Δ

измерения площади площадь $S_{\Delta i}$ треугольника $\Delta(1/n, R)_i$, т.е. $\{S_{\Delta i} \mid S_{\Delta} = S_{\Delta i} = 1\}$, можно вычислить величину S_{Σ} всей площади многоугольника, просуммировав все площади $S_{\Delta i}$: $S_{\Sigma} = \sum_{(1)}^{(n)} S_{\Delta i} = n$.

Главная закономерность триангуляции T_{Pn} правильного n-угольника $P_n(R)$, как отмечено, такова: сколько вершин у многоугольника, столько же и равных треугольников $\Delta(1/n, R)$ и, соответственно, столько же равных площадей $S_{\Delta i}$ и одинаковых углов $E_{\Delta i}$. Фактически это внутренний инвариант геометрии, в которой имеют место рассматриваемые операции на плоскости.

В связи с этим измерение произвольно заданного угла E с точностью до выбранной единицы $E_{\Delta i}$ в качестве «углового градуса» (обозначим такую единицу: 1уг.градус) можно заменить подсчетом суммы S находящегося внутри него количества j одинаковых площадей $S_{\Delta 1}, S_{\Delta 2}, ..., S_{\Delta j}$ (рис. 1а).

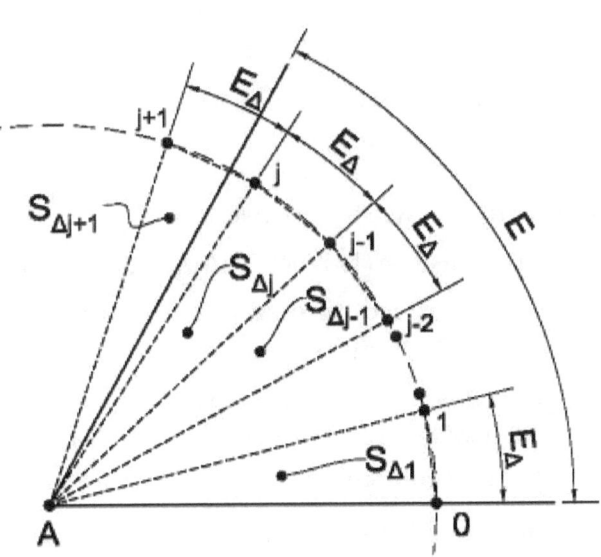

а) количество одинаковых углов E_{Δ} внутри угла E равно такому же количеству одинаковых треугольников площадью S_{Δ}; величина угла E определяется с точностью до единичного угла $E_{\Delta i} = E_{\Delta} = 1$ через подсчет количества площадей $S_{\Delta j} = S_{\Delta}$;

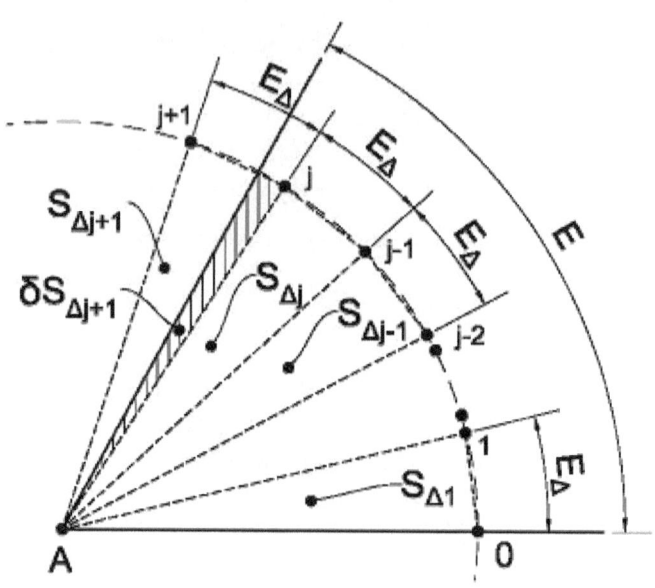

б) чтобы определить величину угла E с большей точностью необходимо измерить заштрихованную часть угла, которой соответствует часть $\delta S_{\Delta j+1}$ площади треугольника $S_{\Delta j+1}$.

Рис. 1. Измерение произвольно заданного угла.

Чтобы измерить угол с большей точностью, необходимо измерить еще и лежащую внутри измеряемого угла E часть $\delta S_{\Delta j+1}$ площади $S_{\Delta j+1}$ треугольника $\Delta(1/n, R)_{j+1}$ (рис. 1б). Воспользуемся площадью плоской геометрической фигуры, величина которой в n раз меньше площади $S_{\Delta j+1}$ и построим её с привлечением конструктивных ресурсов. Разделим радиус R описанной окружности на n равных частей и восстановим правильный n-угольник $P_n(R/n)$, вписанный в окружность радиуса R/n. Площадь многоугольника $P_n(R/n)$ будет в n^2 раз меньше площади $P_n(R)$, но только ровно в n раз меньше площади $S_{\Delta j+1}$. Если мы выясним, сколько раз площадь многоугольника $P_n(R/n)$ содержится в площади $\delta S_{\Delta j+1}$, то тем самым определим значение измеряемого угла E с точностью до $(1/n)$-ой части одного «углового градуса», т.е. до «угловой минуты». При этом нет необходимости измерять площадь $\delta S_{\Delta j+1}$ непосредственно площадью многоугольника $P_n(R/n)$. Будет намного проще, если воспользуемся снова равнобедренными треугольниками; это будут уже треугольники $\Delta(1/n, R/n)$, на которые рассекается многоугольник $P_n(R/n)$ в результате все той же триангуляции T_{Pn}. Подсчитаем количество площадей треугольников $\Delta(1/n, R/n)$, укладывающихся внутри $\delta S_{\Delta j+1}$, группируя их по n штук. Поскольку каждая группа будет составлять в точности площадь, равную площади многоугольника $P_n(R/n)$, то количество таких групп j_{-1} (j_{-1} – целое число и $0 \le j_{-1} < n$) будет представлять число «угловых минут» измеряемого угла E, а количество площадей j_{-2} (j_{-2} – целое число и $0 \le j_{-2} < n$) треугольников $\Delta(1/n, R/n)$, не составивших полную группу (т.к. их количество меньше n), определит заодно и число «угловых секунд», с точностью до которых будет измерен заданный угол E.

Таким образом, через подсчет числа площадей равнобедренных треугольников, полученных в результате той же триангуляции правильного многоугольника, но вписанного в окружность меньшего радиуса, т.е. радиуса R/n, возможно определить значение измеряемого угла с точностью до n^{-1} и до n^{-2} долей одного «углового градуса».

Продолжим построение правильных n-угольников $P_n(R/n^2), P_n(R/n^3), ..., P_n(R/n^k)$ с радиусами описанной окружности $R/n^2, R/n^3, ..., R/n^k$, меньшими радиуса R заданной в $n^2, n^3, ..., n^k$ раз соответственно. Подсчитывая количество площадей равнобедренных треугольников $\Delta(1/n, R/n^2), \Delta(1/n, R/n^3), ..., \Delta(1/n, R/n^k)$, выстраиваемых в той же последовательности и покрывающих $\delta S_{\Delta j+1}$, допустимо измерение произвольно заданного угла E все с большей точностью. При этом окружности радиусом R/n^k будут соответствовать треугольники $\Delta(1/n, R/n^k)$, а с их помощью значение измеряемого угла E возможно определить одновременно с точностью и до $n^{-(2k-1)}$ и до n^{-2k} долей одного «углового градуса».

Главная особенность вводимой метрики в том, что значение измеряемого угла E можно выразить числом позиционного счисления с основанием n. Так величина заданного угла в единицах 1уг.градус отображается следующим образом:

$$E = (j \cdot n^0 + j_{-1} \cdot n^{-1} + j_{-2} \cdot n^{-2} + j_{-3} \cdot n^{-3} + \ldots + j_{-2k} \cdot n^{-2k})(уг.градусов)$$

или, что то же самое, но в свернутом виде:

$$E = j, j_{-1} j_{-2} j_{-3} \ldots j_{-2k} \, (уг.градусов),$$

где $j, j_{-1}, j_{-2}, j_{-3}, \ldots, j_{-2k}$ — целые числа и каждое из них может иметь одно из значений от нуля до $n-1$, т.е. $0 \le j, j_{-1}, j_{-2}, j_{-3}, \ldots, j_{-2k} < n$. В общем случае произвольный плоский угол может состоять не только из некоторой части полного угла, но еще и из конечного числа полных оборотов радиуса окружности вокруг ее центра. Поэтому величина угла E_x в самом общем виде выражается одним из чисел позиционного счисления с основанием n, содержащим и в целой части также конечное число значащих цифр того же счисления, т.е

$$E_x = j_{2m} \ldots j_2 j_1 j_0, j_{-1} j_{-2} j_{-3} \ldots j_{-2k} \, (уг.градусов).$$

Кстати говоря, для измерения угла, представляющего конечное число полных оборотов радиуса окружности, можно также конструктивно воспроизвести упорядоченный ряд правильных многоугольников (а, соответственно, и равнобедренных треугольников), вписанных в окружности с радиусами в $n^1, n^2, n^3, \ldots, n^m$ раз большими заданного.

Итак, на концептуальном уровне идея такова. В силу установленного изоморфизма *(прим. 1)* измерение угла E_x заменяется измерением площади S_x, отсекаемой им от правильного многоугольника. Для измерения последней привлекается упорядоченная совокупность (множество) геометрических фигур с площадями $S_{2r}, S_{2r-1}, \ldots, S_2, S_1, S_0, S_{-1}, S_{-2}, S_{-3}, \ldots, S_{-2t}$, где в качестве эталонной (единичной) выбрана площадь S_0. Площади образуют (ограниченную лишь требованиями соблюдения задаваемой точности измерения) геометрическую прогрессию в приведенной последовательности со знаменателем n^{-1} или со знаменателем n — в обратной. Конструктивно воспроизводимыми геометрическими объектами, реализующими (непосредственно в единственном числе или в группе из числа n таких объектов) фигуры с площадями, эквивалентными площадям из указанной последовательности, являются равнобедренные (и только равнобедренные) треугольники $\Delta(1/n, R/n^k)$, где $\{k \mid k = r, r-1, ...2, 1, 0, -1, -2, ..., -t\}$ и r, t, n, k — целые числа. Привлеченные средства позволяют отобразить результат измерения отсекаемой углом площади в виде:

$$S_x = j_m \cdot S_m + j_{m-1} \cdot S_{m-1} + ... + j_1 \cdot S_1 + j_0 \cdot S_0 + j_{-1} \cdot S_{-1} + ... + j_{-s} \cdot S_{-s}.$$

С учетом приведенной геометрической прогрессии тот же результат можно переписать следующим образом:

$$S_x = \left(j_m \cdot n^m + j_{m-1} \cdot n^{m-1} + ... + j_1 \cdot n^1_1 + j_0 \cdot n^0 + j_{-1} \cdot n^{-1} + ... + j_{-s} \cdot n^{-s} \right) \cdot S_0$$

или в свернутом виде n-значного позиционного счисления:

$$S_x = (j_m ... j_2 j_1 j_0, j_{-1} j_{-2} j_{-3} ... j_{-s}) \cdot S_0.$$

Здесь m, s — целые числа; учитывая, что слева и справа крайние цифры в приведенном числе могут оказаться незначащими нолями, то $m \le 2r$, $s \le 2t$. Сопоставив одну единичную площадь S_0 одному «угловому градусу», окончательный результат измерения угла E_x в соответствие с задекларированным выше соглашением будет таким:

$$E_x = (j_m ... j_2 j_1 j_0, j_{-1} j_{-2} j_{-3} ... j_{-s})(уг.градусов).$$

Данная концепция получила свое развитие в метрической системе математиков древних шумер, для чего им потребовалось дополнить ее еще некоторыми деталями. В частности, необходимо было указать кострутивные средства (инструменты и процедуры) для

- соразмерения площадей, по крайней мере, двух равнобедренных треугольников;
- построения правильного n-угольника, т.е. деления окружности на n равных частей;
- деления отрезка (радиуса) на n равных частей.

Все вместе это входит в нормативную базу конкретной конвенции изоморифзма.

2. Ресурсы единой метрики в конвенции изоморфизма шумеров

В дальнейшем все геометрические построения выполняются циркулем и линейкой. Будем называть n частичным отрезок, состоящий из n равных частей, равенство которых устанавливается одним и тем же раствором циркуля. Введем обозначение Δ345 для треугольника со сторонами, представляющими 3-х, 4-х и 5-ти частичные отрезки, каждая часть которых равна некоторому выбранному эталону длины D. Данный треугольник называют египетским, вероятно, не справедливо. Он упоминается в египетских папирусах, относящихся лишь к середине I тысячелетия до н.э. [1], в то время как глиняные дощечки шумеров с задачами, использующими 60-значное позиционное счисление, датируются полуторатысячелетиями ранее.

Решение задачи построения единой метрики углов и площадей достигается выбором треугольника $\Delta 345$ в качестве измерительного инструмента и позиционного счисления с основанием шестьдесят ($n = 60$) для отображения в символьном виде результатов измерения.

Приведем аргументы, свидетельствующие в пользу выбора данных средств.

Для начала сделаем некоторые геометрические построения. Возьмем прямолинейный шестичастичный отрезок, добавив последовательно к отрезку D еще пять, ему равных, и обозначим его $AbcdefG$: заглавными буквами – его концы, прописными – границы его одинаковых частей. Из точки A, как из центра, восстановим циркулем окружность радиусом Af, аналогично, из точки G – окружность радиусом Gb. Оба радиуса – пятичастичные отрезки. Построенные окружности пересекутся в двух точках M и N, соединим их с помощью линейки. Отрезок MN пересечет шестичастичный отрезок $AbcdefG$ в точке d и разделит его на два трехчастичных $Abcd$ и $defG$, каждый из которых можно использовать в качестве катета в паре с одним из катетов Md или dN для построения прямоугольного треугольника. Всего возможны четыре комбинации треугольников с одной из гипотенуз: AM, AN, GM, GN. Каждый из них будет $\Delta 345$. Важность результата так подробно описанной процедуры в том, что условие построения (таким способом) четырех $\Delta 345$ ограничивает используемую геометрию, которая заведомо не выходит за рамки евклидовой. С другой стороны, из невозможности их построения следует ничтожность всех нижеследующих доводов. Это и будет первым аргументом.

Во-вторых. Комбинируя известные способы деления окружности на 3, 4 и 5 равных частей, возможно построить правильный многоугольник, наибольшее число вершин которого будет равно шестидесяти. Число его вершин не изменится, если добавить еще и известные способы деления окружности на 6 и 10 равных частей (тривиальные бисекции, т.е. способы деления на 2^k частей, кроме 2^2, не рассматриваются).

В-третьих. Комбинация широко известных способов деления отрезка на три (исходя из свойства медиан треугольника: в точке их пересечения каждая медиана делится в отношении $1:2$) и четыре (методом бисекций) равные части позволяет разделить отрезок на $3 \times 4 = 12$ частей. Уникальность свойств $\Delta345$ в том, что с его помощью можно разделить любую, в том числе и одну двенадцатую, часть еще на пять равных частей. То есть, в конце концов, мы разделим произвольный отрезок с помощью циркуля и линейки ровно на шестьдесят равных частей. Для этого необходимо в имеющемся $\Delta345$ опустить высоту из вершины прямого угла на гипотенузу и из этой же вершины восстановить окружность радиусом, равным половине 4-х частичного катета. Построенная окружность разделит высоту на две части. Любая половина меньшей из них будет составлять $1/5$ часть отрезка x, которому равна любая из частей 3-х, 4-х и 5-ти частичных сторон $\Delta345$.

В-четвертых. Площадь любого прямоугольника может быть вычислена суммированием максимального количества треугольников $\Delta345$, заполняющих ее, причем с учетом семейства треугольников ему подобных результат измерения возможно получить с любой наперед заданной точностью относительно эталонного $\Delta345$ в рамках 60-значного позиционного счисления. Это достигается следующим образом. Выбираем эталонный отрезок D и ему соответствующий эталонный (с 3-х, 4-х и 5-ти частичными сторонами) треугольник, обозначим его – $\Delta345_0$, а его площадь – $S_{345/0}$. Определяем семейство треугольников $\Delta345_{2i}$, как совокупность треугольников, подобных $\Delta345_0$, с увеличенными в 60^i (где $i = 0, \pm1, \pm2, \pm3, \dots$ – масштаб или коэффициент подобия) раз катетами и с площадями $S_{345/2i}$. Все треугольники семейства можно упорядочить в последовательность по коэффициенту подобия. Между площадями $S_{345/0}$ и $S_{345/2i}$, соответственно эталонного $\Delta345_0$ и треугольника $\Delta345_{2i}$ из семейства, выполняется соотношение: $S_{345/2i} : S_{345/0} = 60^{2i} = 3600^i$, кроме того, для площадей соседних членов последовательности $S_{345/2i}$ и $S_{345/2(i-1)}$ будет верно соотношение: $S_{345/2i} : S_{345/2(i-1)} = 3600$ (т.е. в каждом треугольнике текущего масштаба помещается ровно 3600 треугольников масштаба на единицу меньшего). Затем из семейства $\Delta 345_{2i}$ выбираем треугольник $\Delta 345_{2t}$, соответствующий заданной точности измерения t (t — фиксированное целое число с определенным знаком) относительно $\Delta 345_0$. Максимальное количество треугольников $\Delta 345_{2t}$, целиком помещаемое на площади S заданного прямоугольника, однозначно определит площадь последнего в единицах площади $S_{345/2t}$. Формируя полученную совокупность треугольников $\Delta 345_{2t}$ в группы по 3600 или по 60 (и продолжая рекурсивно формировать полученные группы в новые группы по 3600 или по 60 соответственно), один и тот же результат измерения площади S может быть представлен в символьном (числовом) виде:

$$S = \left\langle \left[M_p\right]..\left[M_j\right]..\left[M_2\right]\left[M_1\right]\left[M_0\right]\right\rangle \otimes S_{345/2t}, \qquad (1.1)$$

или

$$S = \left\{\left(N_{2p+1}\right)\left(N_{2p}\right)..\left(N_{k+1}\right)\left(N_k\right)..\left(N_2\right)\left(N_1\right)\left(N_0\right)\right\} \otimes S_{345/2t}, \qquad (1.2)$$

где первое выражение – это представление (число) в 3600-значном позиционном счислении, а второе – в 60-значном, причем в обоих случаях числа выражены в единицах площади $S_{345/2t}$. Используемые обозначения такие: в 3600-значном позиционном счислении конечный упорядоченный алфавит (цифры) представляется символами $[0],[1],[2],...[3599]$, а в 60-значном – $(0),(1),(2),...(59)$; все число, состоящее из набора цифр, в первом случае обрамляется угловыми скобками, во втором – фигурными; символ $\otimes$ означает, что справа от него стоит единица измерения.

Из приведенного можно вывести, что каждая цифра $[M_j]$ из (1.1) имеет связь с двумя цифрами, стоящими на вполне определенных позициях выражения (1.2), а именно:

$$M_j \Leftrightarrow \sum_{60} \left|N_{2j+1}\right| + \left(N_{2j}\right), \qquad (1.3)$$

где нижний индекс в знаке суммирования (для удобства записи он приведен в десятичном счислении) указывает количество слагаемых в сумме из одного и того же выражения, стоящего внутри прямых скобок (в данном случае одной и той же цифры 60-значного счисления *(прим. 2)*).

Следовательно, кроме эффективно исполнимого рекурсивного алгоритма в геометрических операциях при формировании конструктивных геометрических объектов в группы существует изоморфный алгебраический алгоритм, однозначно переводящий с помощью аддитивных операций число одного из рассматриваемых счислений в число другого. Для выражения чисел (1.1) и (1.2) в единицах $S_{345/0}$ при $t > 0$ в первом числе справа дописывается t Нолей *(прим. 3)* 3600-значного, а во втором – $2t$ Нолей 60-значного счислений; при $t \leq 0$ в первом числе аналогом десятичной запятой (будем обозначать ее также запятой в обоих счислениях) справа отделяется (если потребуется, то с добавлением необходимого количества Нолей справа от запятой) t цифр, а во втором – $2t$ цифр; во всех случаях в каждом числе $S_{345/2t}$ заменяется на $S_{345/0}$. Таким образом, при $t > 0$ выражение (1.1) примет вид числа, состоящего из $(t + p + 1)$ цифр

$$S = \left\langle [M_p]..[M_j]..[M_2\,[M_1\,[M_0\,[0\,[0]..[0]\right) \otimes S_{345/0}, \quad (1.4)$$

выражение (1.2) – числа, состоящего из $(2t + 2p + 1)$ цифр

$$S = \left\{ (N_{2p+1}) (N_{2p})..(N_{k+1}) (N_k)..(N_2) (N_1) (N_0) (0)(0)...(0) \right\} \otimes S_{345/0}, \quad (1.5)$$

при $t \leq 0$ и $(p > t)$ те же выражения примут соответственно вид

$$S = \left\langle [M_p]..[M_j]..[M_t] [M_{t-1}]..[M_2\,[M_1\,[M_0\right) \otimes S_{345/0}, \quad (1.6)$$

$$S = \left\{ (N_{2p+1}) (N_{2p})..(N_{k+1}) (N_k)..(N_{2t}) (N_{2t-1})..(N_2) (N_1) (N_0) \right\} \otimes S_{345/0}, \quad (1.7)$$

Итак, окончательный результат измерения площади заданного прямоугольника с наперед заданной точностью t относительно эталонного треугольника $S_{345/0}$ однозначно выражается числом $\{N_{\text{int}}\}$ 60-значного позиционного счисления из (1.5) при $t > 0$ или из (1.7) при $t \leq 0$. Результат измерения не изменится, если в $\{N_{\text{int}}\}$ отбросить незначащие Нули.

В-пятых. Как известно, площадь любого прямоугольного треугольника равна половине прямоугольника, построенного на его катетах; площадь любого треугольника может быть представлена алгебраической суммой двух прямоугольных треугольников; площадь любого многоугольника может быть представлена (методом триангуляции) конечной суммой треугольников. Следовательно, площадь произвольного многоугольника может быть измерена с любой наперед заданной точностью t треугольником $\Delta 345_0$ и семейством $\Delta 345_{2i}$, а результат измерения однозначно представлен числом 60-значного позиционного счисления

Среди прочих многоугольников аналогично могут быть измерены площади подобных друг другу равнобедренных треугольников, а, следовательно, алгебраическая сумма их площадей представляет конечное число того же счисления. Последний факт важен для распространения той же метрики на ранее описанную процедуру измерения углов.

В-шестых. Множество всех чисел, используемых в данной системе даже с учетом абстракции потенциальной осуществимости (*прим. 4*), словарно по построению. По сути это множество условно-целых чисел, поскольку, в силу конечного количества цифр в каждом из них, запись любого числа в форме целого или дробного зависит от выбора масштаба треугольника $\Delta 345_0$. Для практического использования всей системы необходима и достаточна аддитивная алгебра (с операциями сложения и вычитания). В ней вместо отношения площадей важную роль играет непременно конечная сумма экземпляров одной, вложенная в другую. Например, связь между $S_{345/0}$ и треугольниками $S_{345/2i}$ вышеприведенного семейства при $i = 1$ и $i = 2$ выражается соответственно:

$$[\![1]\!] \otimes S_{345/0} = \sum_{3600} [\![1]\!] \otimes S_{345/2} \; ;$$

$$(1) \otimes S_{345/0} = \sum_{60} \left[\sum_{60} [1] \right] \otimes S_{345/2} \equiv \sum_{60} \sum_{60} [(1)] \otimes S_{345/2} \; ;$$

$$[\![1]\!] \otimes S_{345/0} = \sum_{3600} \sum_{3600} [\![1]\!] \otimes S_{345/4} \; ;$$

$$(1) \otimes S_{345/0} = \sum_{60} \sum_{60} \sum_{60} \sum_{60} [(1)] \otimes S_{345/4} \; .$$

Стоит напомнить, что использование множества скобок в приведенных выражениях связано исключительно со способом записи цифр и чисел в 60- и 3600-значных позиционных счислениях, а каждая сумма (кстати говоря, нижний индекс в которых представлен числом десятичного счисления) в современной математике эквивалентна произведению нижнего индекса (а он в соответствующем счислении равен Десяти) на то, что стоит внутри знака суммирования.

И, наконец, в-седьмых. Если во всех последующих измерительных операциях непосредственным исполнительным инструментом будет (эталон) носитель (он же – «генератор», т.е. как конструктивный элемент, который потенциально может быть исполненным в окружающем пространстве в любое время и любом месте любым подготовленным исполнителем, находящимся в нормальном состоянии) евклидовой геометрии и только он, то тем самым мы в наибольшей степени можем гарантировать, что вся выстраиваемая техника манипулирования символьными (цифровыми) обозначениями – алгебра – будет информативна в приложениях геометрии (причем данная алгебра отображает реалии геометрии евклидовой), поскольку в рамках последней всегда может быть представлена соответствующая интерпретация не только самой информации, но и процедуры ее получения.

3. Язык технологий

Можно с высокой степенью вероятности утверждать, что рост технологического многообразия в различных сферах человеческой деятельности в эпоху древних шумер связан и, как причина, с возникновением и, в то же время, как следствие, с удовлетворением потребности в объективной системе сравнения разнородных ресурсов технологий. Создание системы для ее приложения, прежде всего, в сфере технологий с вышеприведенной целью, как формулировка задачи, позволяет объяснить факт конструктивности (технологичности) найденного решения – собственно самой системы. Именно в производстве (ремеслах, появившихся задолго до какой бы то ни было математики) для получения продукта требуемого качества важен, прежде всего, порядок в использовании сырья (заготовок, полуфабрикатов), инструмента (оснастки) и операций, а также именно в производстве задействуются только существующие сырье, инструменты и операции и, кроме того, в производстве важна еще ограниченность времени изготовления продукта, а также возможность контроля (верификации) технологических средств и самого процесса изготовления на разных его стадиях. Подобный процесс в инженерном деле принято называть технологией. Одним из атрибутов любой эффективной технологии является ее конструктивность.

В математике, в отличие от инженерного дела, подобный процесс принято называть алгоритмом. Фактически различие терминов связано только со сферой применения процессов одного и того же типа при том, что в математике, как принято считать, они описываются наиболее точным языком. Поэтому не мудрено, что развитие технологий связывали и связывают с дальнейшим развитием математики (алгоритмов).

По-видимому, основной целью регламентированного в системе шумеров изоморфизма (представленного здесь как изоморфизм между углами и площадями) было установление фактически способа соразмерения различных явлений в пространстве и во времени, т.е. с их длительностью и очередностью, согласно природным наблюдениям, обладают, в свою очередь, согласно природных наблюдений, обладают иногда еще и таким замечательным атрибутом, как цикличность. В пользу этого можно найти косвенные подтверждения и в терминологии современной математики: угловые минуты и угловые секунды являются производными терминами от терминов для соответствующих единиц измерения времени (а не наоборот).

Конструктивно система шумеров представляет собой технологический процесс построения сплошных массивов графических объектов, дополненный специальным языком, кодирующим с помощью символов определенные ансамбли данных объектов.

Главное свойство любого из ансамблей – количество дискретных объектов в нем. Определенному количеству соответствует свой набор символов, разным количествам – разные наборы. Созданный язык позволяет изложить отношения ансамблей (такие, как тождественность, больше, меньше, добавить, уменьшить), имеющие место в реальных множествах объектов наблюдаемого мира и существующих процессов. Примечательно, что даже структурно он весьма близок к их национальному языку, которым они пользовались в обыденной жизни. Установлено, что родной язык древних шумеров по своей структуре относится к языкам агглютинативным [8], в которых словообразование осуществляется путем дополнительного «приклеивания квантов» – частей слова (префиксов, суффиксов), – каждый из которых несет только одно значение. Иначе говоря, имевшийся опыт по «добавлению» и «вычитанию» частей в словах своего родного языка, позволявший изменять их семантику, они перенесли на язык своей аддитивной математики. При этом весьма важным в новом языке стало правило: каждый «приклеивающийся квант» – цифра – имеет одно и то же количество степеней свободы (ровно шестьдесят), что позволяет с присоединением каждого «кванта» добавлять к имеющемуся «слову» одно и то же количество (ровно шестьдесят) различных значений так, что каждое из них существенно определяет вполне конкретную семантику всего «слова».

В то же время, язык математики шумеров имеет принципиально иную природу и свойства. Во-первых, это язык – вторичный, точнее, язык-спутник или субъязык. Для его постижения и владения им требуется не только Учитель и Опыт, как для языка традиционного, но и сам традиционный язык. Во-вторых, способы интерпретации передаваемой информации на нем, в отличие от языка традиционного, более строго ограничены. Пользуясь языком общенациональной коммуникации, мы фактически интерпретируем принимаемые наборы звуков: дискретные ансамбли, состоящие из непрерывных акустических волновых пакетов. Спектр их возможных интерпретаций ничем, кроме Опыта и Традиций, не может быть регламентирован. Поэтому в силу различия, по крайней мере, собственного Опыта, приобретаемого конкретными людьми, такой спектр необъятен даже при непосредственном восприятии речи, а тем более при считывании символов, которыми перекодируется речь в письменности. В отличие от него, в языке шумеров способы интерпретации передаваемой информации ограничиваются только визуально воспринимаемыми (и физически воспроизводимыми по специальной технологии) моделями дискретных графических (геометрических) ансамблей. Кроме того, базовыми элементами ансамблей в такого рода моделях являются также достаточно узкий и простой класс дискретных геометрических объектов — треугольников $\Delta 345$. В третьих, метод и средства, использованные шумерами, позволяют любое содержательно-осмысленное предложение созданного ими языка верифицировать демонстрацией отношений между ансамблями треугольников, способ построения которых следует из правил данного языка и самого предложения. Для сравнения здесь имеет смысл привести сетования известных ученых на содержательность некоторых выводов (языка) математики современной, в которой «классический способ рассуждения часто ведет к тому, что доказывается существование объектов и в то же время не указывается никакого способа построения этих объектов, даже если речь идет об объектах простой природы, которые в принципе можно было бы эффективно задавать». И далее в контексте сказанного ими критикуется конкретное предложение. «Например, доказывается, что всякая непрерывная на отрезке функция достигает максимума в некоторой точке, однако предлагаемое доказательство не дает никакого способа отыскания этой точки. ... Весь смысл теоремы состоит в том, что для всякой непрерывной функции найдется точка, в которой достигается максимум. Но что значит слово "найдется" в этой теореме и в чем ценность такого доказательства существования объекта, когда не дается никакого способа его построения?» [2].

Для создания эффективно работающего алгоритма (технологии), как уже отмечалось выше, необходимым условием является существование способа верификации на всех этапах его исполнения. При построении математики на основе алгоритмов это жесткое условие, с одной стороны, значительно сужает круг используемых средств в ней, а с другой – гарантирует, что все они и все возводимое на их основе заведомо будут обладать свойством в точности таким же, каким является главное свойство любого материального объекта (процесса, явления): человек (цивилизация) обладает возможностью верифицировать его существование и, возможно, даже не одним способом.

Идея введения различного рода ограничений не нова, с ее появлением в новой истории математики связывается эпоха зарождения конструктивизма, одной из разновидностей современных математических школ. Однако именно данное условие в отличие от искуственно вводимых ограничений современными конструктивистами представляется более естественным, поскольку его учет при обосновании возводимой системы связан ни с чем иным, как только со способностью человека выстраивать для верификации геометрические модели с помощью набора простейших инструментов, которые, несмотря на свою примитивность, обеспечивают в получаемых при их посредстве моделях максимальную (фактически эталонную) степень защиты от непреднамеренного искажения информации. Выражаясь другими словами, в силу примитивности используемых средств и наименьшей зависимости их адекватного функционирования от внешних условий и особенностей психики конкретного исполнителя, человек может допустить непреднамеренное искажение информации только, если он сам находится в условиях, выходящих за пределы нормальных для человеческой жизнедеятельности. Действие же внешней среды (в том числе, и специфики психологии конкретного исполнителя) на ресурсы измерительного процесса сведено к минимуму.

4. Дальнейшее развитие системы шумеров

Практическое использование языка шумеров со временем привело к его дальнейшему развитию. В первую очередь, по всей видимости, оно связано с операциями быстрого счета – умножением и делением, - получившими широкое применение в учете «штучных» ресурсов. Накопленный опыт показал, что очевидное удобство при подсчете общего количества объектов приносит их объединение в группы не только по 60 штук. Вместо долгого и утомительного подсчета каждого одиночного объекта намного легче и быстрее сосчитать их общее количество умножением на число рядов, предварительно выстроив объекты в одинаковые ряды, подобно клеточкам на шахматной доске. Операция умножения для аддитивной математики шумеров является чужеродной, поэтому она могла восприниматься только как вспомогательное средство для удобного отражения факта многократного сложения одного и того же количества с самим собой. То же самое касается и деления: оно вполне удобно для сокращения операции многократного вычитания одинаковых частей (одного и того же количества) до тех пор, пока в остатке не останется точно такая же часть, если, конечно, она остается. Польза от применения операций вполне очевидна и, видимо, они широко стали применяться на бытовом уровне. Но с их приложением для подсчета геометрических величин не все так просто. Если в алгебре позиционного счисления произведению двух произвольных чисел соответствует одно и только одно число, то интерпретация данной процедуры на площадях, покрываемых треугольниками $\Delta 345$, отнюдь неоднозначна.

Главная трудность заключается именно в том, что любой прямоугольный треугольник, в сравнении с квадратом, является асимметричной фигурой. Для покрытия площади одного и того же прямоугольника, как хорошо известно, квадратов требуется в два раза меньше, чем прямоугольных треугольников, если оба катета последних равны стороне квадрата. И все потому, что каждый квадрат состоит из двух треугольников. Но самое важное то, что треугольники в квадрате повернуты друг относительно друга так, что длину любой стороны квадрата составляет катет только одного из двух треугольников. Поэтому, вычисляя площадь произвольного прямоугольника через подсчет катетов треугольников, расположенных вдоль двух его сторон, с последующим перемножением полученных чисел, мы непременно должны удваивать результат умножения. Фактически площадь прямоугольника будут составлять два отдельных множества треугольников (попарно повернутых на $90°$ друг относительно друга), причем катеты треугольников только одного из них будут составлять длину и ширину измеряемого прямоугольника. В дополнение к этому, в математике шумеров эталонным инструментом является треугольник $\Delta 345$, имеющий не одинаковые катеты. К тому же покрывать площадь, например, измеряемого прямоугольника, можно не только располагая катеты

$\Delta 345$ вдоль его сторон. Вполне приемлемой будет процедура измерения, когда вдоль одной стороны прямоугольника располагаются гипотенузы, а другую будут составлять соответственно высоты $\Delta 345$. Налицо задача по корректному введению новых операций, для решения которой, вероятно, впервые в истории математики, потребовался учет геометрических симметрий по существу. Это лишний раз подтверждает тезис И.Стюарта, что практически во всех случаях дальнейщего развития математики [3] все начинается с симметрии и сводится к симметрии. Как будет показано ниже, решить эту задачу в полной мере удалось, по-видимому, только Пифагору.

Вероятно, и до него предлагались различные частные решения, которые, однако не вписывались полностью в концепцию шумеров. Тем не менее, результаты некоторых из них прижились вплоть до наших дней. Например, задолго до Пифагора стало понятно, что имея эталонную длину D, составлять из нее более сложный инструмент, $\Delta 345$, для последующего измерения геометрических величин – это не совсем то, чем хотелось бы пользоваться. Действительно, на площади треугольника $\Delta 345$ укладываются площади шести квадратов со стороной эталонной длины D: имея эталон, зачем пользоваться величинами ему кратными, а не им самим. Далее, через подсчет квадратов более удобно вычислять площади, используя умножение. В связи с этим и перешли к измерению площадей с помощью самих квадратов D^2 без каких-либо объяснений, скорректировав только волевым путем число вершин правильного многоугольника, доведя его до 360 и уменьшив тем самым угловую единицу также в шесть раз. Почему «волевым»? Потому что технологически, с помощью циркуля и линейки, такой многоугольник невозможно построить, т.к. необходимо осуществить трисекцию угла. Артефакты о том, что они обладали подобным методом у нас отсутствуют, а заключение математиков нового времени: трисекция угла циркулем и линейкой – задача не разрешимая. Обоснование же всех современных методов трисекции базируется на предположении о непрерывности углов и линий. Для введения априори аксиомы непрерывности у них не только не было оснований, не только не возникало необходимости, но, наоборот, даже возможность такого предположения вообще не могла обсуждаться, поскольку оно противоречило основной концепции всей выстроенной шумерами теории: пространство таково, каким мы его найдем, обмеряя его; и никаких домыслов.

Изменившие шкалу угловых величин вынуждены были, за неимением другого, пользоваться 60-значным счислением и треугольником $\Delta 345$ в качестве измерительного инструмента. Поэтому измеряя площадь тем же способом, т.е. группируя треугольники $\Delta 345$ все также по 60 штук в Десяток и т.д., но на заключительном этапе увеличивая результат в шесть раз (такой она должна быть в единицах D^2), у них получалось, что величину площади (в единицах D^2) может выражать не любое 60-значное число, но только лишь кратное шести, остальные числа остаются «немыми».

5. Инвариант симметрий инструмента шумеров

Из всего многообразия плоских фигур наиболее симметричным по форме и в то же время наиболее подходящим при сопряжении с себе подобными для выстраивания и тиражирования рядов без «пустот» является квадрат. В отличие от него, граница $\Delta 345$ существенно ассиметрична, но тем не менее из $\Delta 345$ вполне можно сформировать квадрат и даже не один. Менее предпочтительным, но также приемлемым для данных целей будет и прямоугольник.

Квадрат $ABCD$, составленный из минимального количества $\Delta 345$, полностью покрывающих его любым из двух различных способов (рис. 2), имеет длину стороны, равной 60-ти единицам, и в него вписывается ровно 600 таких треугольников. Возможно, что другие способы заполнения, кроме рассматриваемых здесь, также могут привести к какому-то результату, но оставим их за пределами рассматриваемой модели симметрий.

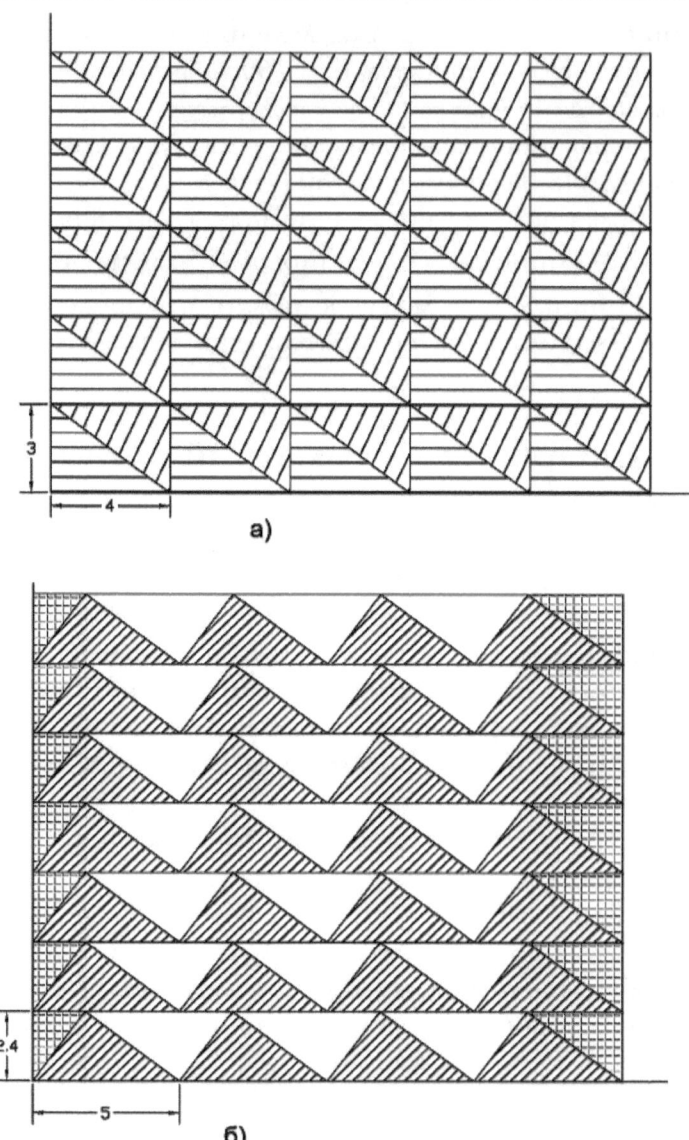

Рис.2. Два способа заполнения квадрата 60х60 треугольниками Δ345.

В способе, в котором квадрат 60×60 формируют взаимоортогональные катеты треугольников Δ345, все 600 треугольников можно разбить на два подмножества, по 300 штук в каждом. На рис. 2а они выделены разным направлением штриховки. В каждом таком подмножестве за счет одинаковой ориентации все треугольники удобо организованы порядно для операции быстрого подсчета (через умножение) их количества, но формируемая ими фигура представляет решето. Площадь всего квадрата равна сумме количеств треугольников в обоих подмножествах (или произведению любого из них на два). Если в том же способе покрытия квадрата катеты треугольников поменять местами, то площадь всего квадрата будут составлять треугольники $\Delta 345$ других двух множеств, в каждом из них будет тоже по 300 штук. Таким образом, при данном способе заполнения квадрата 60×60 равноэффективно можно воспользоваться одной из двух пар указанных подмножеств $\Delta 345$. Нетрудно заметить, что каждое множество образуется копиями со сдвигом вдоль катетов одного из четырех $\Delta 345$, размещенных в вершинах квадрата $ABCD$ (рис. 3а), поэтому данные треугольники вполне обоснованно можно считать формообразующими четырех подмножеств $\Delta 345$, сумма которых, как уже отмечалось выше, без «пустот» заполняет квадрат 60×60 дважды. То есть площадь последнего равна только половине суммы количеств (площадей) треугольников данных четырех подмножеств.

Аналогично и в другом способе, где стороны квадрата $ABCD$ формируются ортогональной парой гипотенуза-высота, тоже можно выделить четыре подмножества его покрытия, формообразующими (со сдвигом вдоль гипотенузы и\или высоты) которых будут треугольники $\Delta 345$, изображенные на рис. 3б.

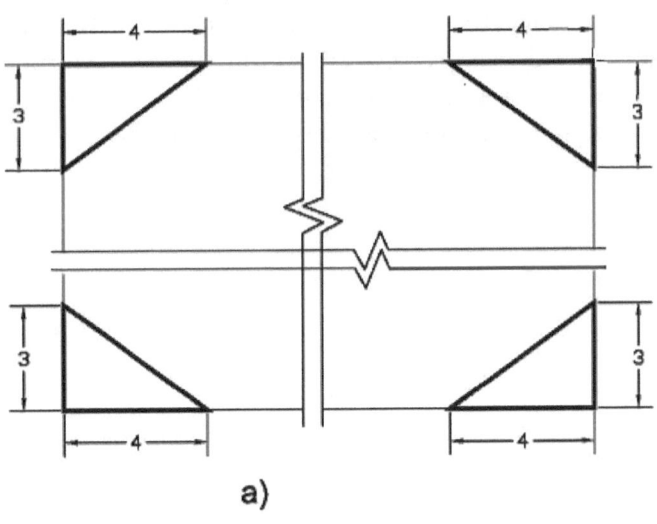

а)

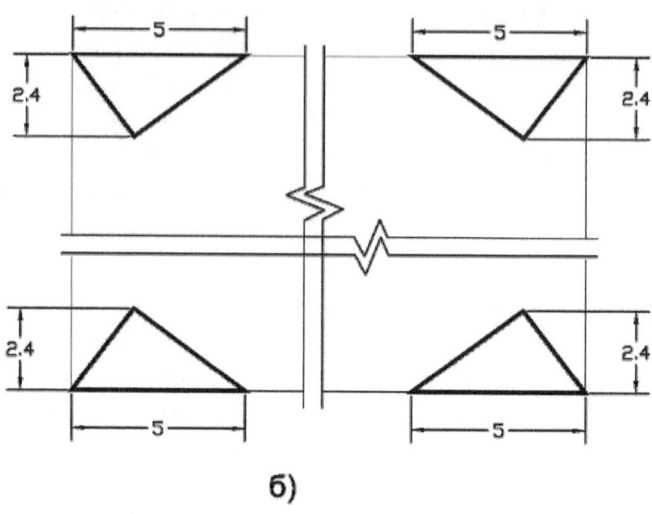

б)

Рис.3. Ориентация треугольников Δ345, формообразующих симметричные множества покрытия площади квадрата.

Все восемь треугольников Δ345, изображенных на рис. 3, представляют полную картину симметрий измерительного инструмента шумеров при его дискретных поворотах, имеющих непосредственную связь с его собственными характерными формами. Из них можно составить две формы инварианта данной группы геометрических симметрий (рис. 4). Каждая из них представляет собой квадрат со стороной, равной сумме катетов, и вписанными в него восемью Δ345, в центре которого имеется также еще и квадрат малый. На любую из них будем ссылаться, как на инвариант I_{345}.

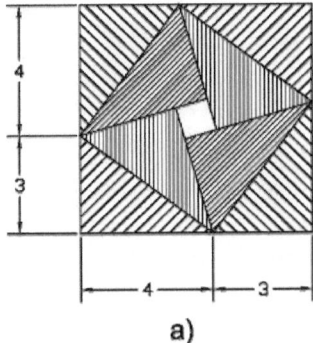 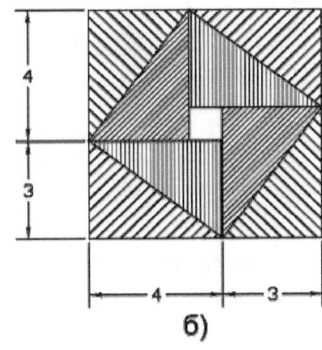

а)   б)

Рис.4. Две формы инварианта I₃₄₅ группы симметрий дискретных поворотов мерительного инструмента шумеров.

О данном инварианте можно сказать следующее. Во-первых, сторону малого квадрата, расположенного в центре инварианта, в сравнении со сторонами $\Delta 345$, представляет не многочастичный, а единичный (одночастичный) отрезок, что следует из разности длин катетов *(прим. 5)* Во-вторых, как ни располагай внутри данного квадрата описанными выше способами треугольники $\Delta 345$ (рис. 2), всю без остатка его площадь, как известно, заполнит целое количество $\Delta 345$, в точности 600 штук, если их катеты уменьшены в 60 раз относительно исходного. Алгебраически постоянство площади $S_{ед}$ такого (единичного) квадрата в единицах площади $\Delta 345$ отображается в 60-значном счислении с помощью условно-целого числа:

$$S_{ед} = \{(0),(10)(0)\} \cdot S_{345} \equiv \{(0),(10)\} \cdot S_{345}.$$

В-третьих, после умножения обеих частей последнего выражения на Шесть оно примет вид: $S_{345} = (6) \cdot S_{ед}$, что можно верифицировать и геометрически: действительно Двенадцать квадратов площадью $S_{ед}$ вписываются точно в прямоугольник, составленный двумя $\Delta 345$, следовательно, площадь одного $\Delta 345$ будут заметать равно шесть квадратов с площадями $S_{ед}$ каждый. Таким образом, целым числом центральных квадратов инварианта измеряется и площадь $\Delta 345$. В-четвертых, площадь всего инварианта I_{345} измеряется также целым числом площадей $S_{ед}$:

$$S_{inv} = (49) \cdot S_{ед}.$$

6. Уточнение задачи

В целом, конструкция шумеров самодостаточна в силу своей замкнутости. И чтобы ввести новые операции, необходимо ее расширить. Ниже рассмотрим вариант подобного расширения, которое, оставляя без изменения геометрию, приведет нас к желаемому результату.

Для уточнения задачи, требующей решения, еще раз проанализируем всю систему.

Ее фундаментом является измерительный инструмент $\Delta 345$, т.к. именно его свойства позволяют установить изоморфизм между двумя независимыми системами измерения (углов и площадей) на базе 60-мерной группы симметрии. Применение измерительного инструмента с площадью равной площади $S_{ед}$ влечет изменение размерности группы симметрии, следствием чего будет появление (несокращаемого) коэффицента во всех вычислениях площадей, подобно тому, как в современной математике возникает коэффициент π: в одних расчетах это будет множитель Шесть, в других делитель Шесть. Если в рамках действительных чисел допустимы любые числовые коэффициенты, то в рамках условно-целых результат деления произвольного числа будет принадлежать также этому множеству чисел при условии, что делителем является размерность счисления в целой степени или степени Ноль. Такие числа в качестве делителей, как Два, Три, Пять (в целой степени), из соображений соблюдения изоморфизма исключим из рассмотрения.

Чтобы избавиться от коэффициента необходимо перейти к группе в данном случае с рамерностью в Шесть раз меньшей, т.е. к десятичному счислению. Но для $\Delta 345$ это группа «мала», а свойств квадрата $S_{ед}$ не достаточно для установления изоморфизма между двумя системами измерения. Поэтому все, что требуется для решения стоящей задачи, так это найти, если это возможно, объект с требуемыми свойствами и площадью $S_{ед}$.

Отправными данными для поиска будет все та же система измерения шумеров с главным инструментом – треугольником $\Delta 345$, имеющим площадь S_{345}, инвариант (соразмеримости $\Delta 345$ с квадратом) I_{345} (рис. 4), площадь $S_{ед}$ квадрата эталонной (одночастичной) длины D и соотношение для площадей в 60-значном счислении: $S_{ед} = \{(0),(10)\} \cdot S_{345}$.

Любой прямоугольный треугольник ΔABC, измеренный $\Delta 345$, будет иметь площадь, величина которой выражается условно-целым числом в 60-значном счислении. Длина каждого катета ΔABC выражается также условно-целым числом (того же счисления) расположенных вдоль него квадратов. Поэтому для треугольника ΔABC, если он не равнобедренный, может быть составлена геометрическая фигура, подобная I_{345} (рис. 5), отличающаяся от него лишь длинами сторон внешнего и центрального квадратов: первая будет равна сумме катетов ΔABC, а вторая – их разности. И для неравнобедренного ΔABC данная фигура будет также инвариантом группы симметрий всех его дискретных поворотов. При равенстве катетов ΔABC их разность становится равной нулю и центральный квадрат исчезает.

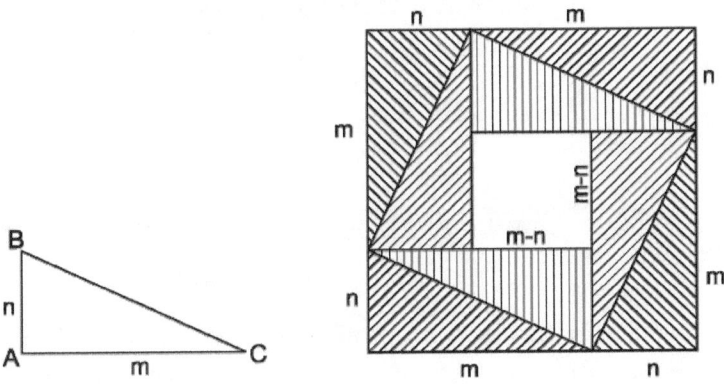

Рис.5. Деформация I_{345} к инварианту $I_{\perp}$ произвольного прямоугольного не равнобедренного треугольника АВС.

С учетом последнего общим инвариантом $I_{\perp}$ для всего класса прямоугольных треугольников в системе шумеров является фигура (рис. 6), составленная из квадрата, сторона которого равна сумме катетов ΔABC, и вписанных в него по его перефирии четырех ΔABC. Из сравнения фигур на рис. 6 и рис. 7 можно заключить, что площадь квадрата, построенного на гипотенузе, равна сумме площадей квадратов, построенных на катетах ΔABC. В алгебраическом выражении данной фигуре сопоставляется инвариант $m^2 \cdot S_{ed} + n^2 \cdot S_{ed} = c^2 \cdot S_{ed}$, где m, n, c – число квадратов (площадью S_{ed} каждый), расположенных вдоль катетов и гипотенузы соответственно. Все это достаточно легко верифицируется непосредственным пересчетом (единичных) квадратов, входящих в соответствующие фигуры (квадраты и треугольники).

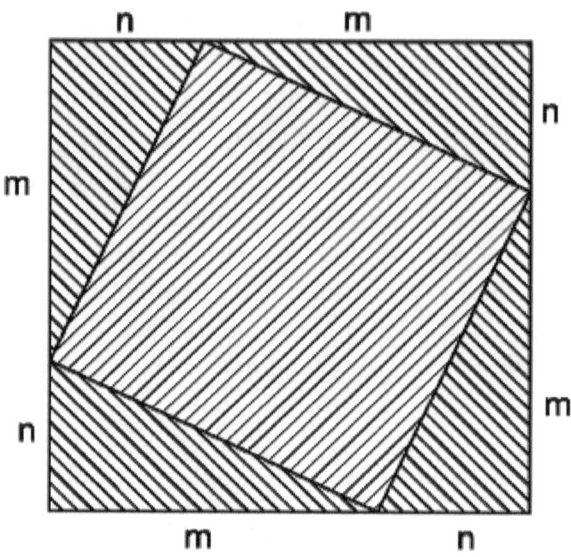

Рис.6. Геометрический инвариант $I_\perp$ для всего класса прямоугольных треугольников.

Отметим еще раз, что в приведенном виде данный инвариант в 60-значном счислении имеет смысл записывать только лишь в познавательных целях, т.к. результат измерения через длины сторон квадратов, будучи приведенным к единице измерения S_{345}, должен

быть следующим: $$\frac{\{m\}^2}{\{(6)\}} \cdot S_{345} + \frac{\{n\}^2}{\{(6)\}} \cdot S_{345} = \frac{\{c\}^2}{\{(6)\}} \cdot S_{345}.$$

Содержательным же в системе шумеров может быть выражение: $\{K\} \cdot S_{345} + \{L\} \cdot S_{345} = \{M\} \cdot S_{345}$, где $\{K\}, \{L\}, \{M\}$ — условно-целые числа, а приведенные выше дроби в общем случае таковыми не являются.

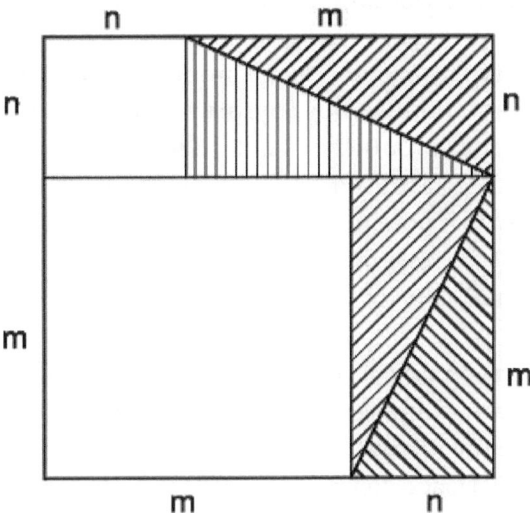

Рис.7. Соразмеримость площади прямоугольного треугольника с лощадью геометрического инварианта $I_\perp$.

7. Ресурсы альтернативной конвенции изоморфизма

Для соблюдения принципов, заложенных шумерами в их математическую (алгебро-геометрическую) конструкцию, переход к десятичному счислению должен быть обусловлен следующими требованиями. Во-первых, для всего класса прямоугольных треугольников должен сохраниться геометрический инвариант $I_\perp$ (рис. 6), алгебраическим отображением которого является выражение $m^2 \cdot S_{ed} + n^2 \cdot S_{ed} = c^2 \cdot S_{ed}$, где S_{ed} — площадь эталонного квадрата (обозначим последний: D^2), m, n, c — длины катетов и гипотенузы соответственно, значение которых принадлежит множеству условно-целых чисел используемого счисления. Во-вторых, необходимо указать геометрический объект площадью S_{ed}, которым можно заместить инструмент $\Delta 345$, обеспечив при этом изоморфизм в процедурах измерения углов и площадей. Кроме того, собственно говоря, ради чего все это расширение и осуществляется, свойства нового измерительного инструмента должны способствовать использованию системы быстрого счета в алгебре шумеров. Как было оценено выше, таким инструментом должен быть или квадрат или прямоугольник.

Для достижения указанной цели воспользуемся потенциалом, имеющимся внутри системы шумеров. Рассмотрим хорошо известную процедуру деления окружности на пять (десять) равных частей несколько подробнее и в другом ракурсе. Пусть у нас имеется эталонный отрезок длиной D. Построим прямоугольный треугольник $\triangle ABC$ с катетами $AB = D$ и $BC = 2D$. Из вершины B прямого угла $\angle ABC$ восстановим окружность радиуса $BC = 2D$ (рис. 8) *(прим. 6)* Затем на продолжении катета AB построим отрезок AE равный гипотенузе AC так, чтобы точка B оказалась между точками A и E, для чего воспользуемся окружностью радиуса AC, изображенной на рисунке штриховой линией. Стороны полученного прямоугольного $\triangle CBE$ являются искомыми параметрами деления окружности на пять и десять равных частей. Катет $BC = 2D$ указывает радиус окружности, подлежащей делению, а гипотенуза CE и катет BE равны соответственно сторонам правильного пяти- и десятиугольника, вписываемых в данную окружность.

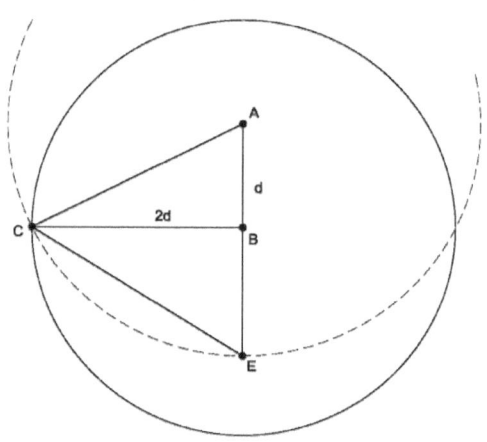

Рис.8. Общая процедура построения отрезков CE и BE, равных стороне соответственно правильного пяти- и десятиугольника, вписанного в окружность радиуса BC.

Таким образом, основой деления окружности радиуса $BC = 2D$ на десять равных частей является прямоугольный треугольник $\triangle ABC$ с катетами $AB = D$ и $BC = 2D$. Отметим, что сторона вписанного правильного десятиугольника равна разнице двух отрезков: гипотенузы AC и катета $AB = D$, а в два раза меньший отрезок, будет такой же мерой для окружности эталонного радиуса длиной D.

Восстановим окружность *диаметра* D с центром в середине гипотенузы AC треугольника ΔABC (рис. 9). Она поделит гипотенузу на три отрезка: средний $FG = D$ и два равных крайних $AF = GC < D$, обозначим их длину равной $\Phi - D$, т.е. $AF = GC = \Phi - D$, тогда $AG = FC = \Phi$. Данная схема деления гипотенузы является ее «золотым» сечением, т.к. из длин отрезков Φ, $\Phi - D$ и D в точности составляется золотая пропорция (см. Приложене 1). А также, как было отмечено выше, отрезок $AF = GC = \Phi - D$ равен стороне правильного десятиугольника, вписанного в окружность радиуса D. Можно показать, что отрезок D, в свою очередь, равен стороне правильного десятиугольника, вписанного в окружность радиуса Φ. Для этого необходимо или непосредственно строить соответствующие окружность и многоугольник или, построив прямоугольный треугольник с катетами Φ и 2Φ и окружность диаметра Φ в середине гипотенузы, убедиться, что построенная окружность отсечет два крайних отрезка длиной D каждый.

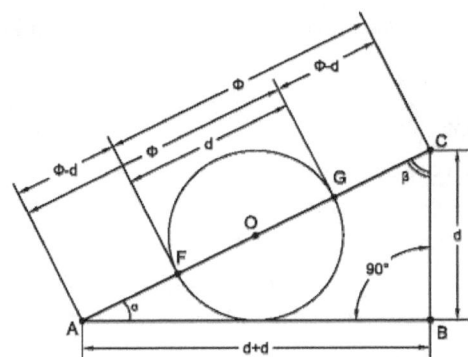

Рис.9. Сечение окружностью произвольного диаметра d гипотенузы прямоугольного треугольника с катетами d и $2d$.

Итак, при заданной эталонной длине D два инструмента, отрезки Φ и $\Phi - D$, получаемые конструктивным методом, позволяют делить окружность на десять равных частей. Кроме способа деления окружности необходимо указать правило деления на десять равных частей самих линейных инструментов Φ и $\Phi - D$. Для этого построим $\Delta 345$ на базе одночастичного отрезка длиной не D, как строилось прежде, а длиной Φ или $\Phi - D$, тогда с помощью циркуля (см. выше свойства $\Delta 345$) можно выделить часть наименьшей высоты построенного треугольника, которая будет равна $0{,}1 \cdot \varPhi$ или $0{,}1 \cdot (\varPhi - D)$ соответственно. Таким образом, приведенные инструменты позволят нам поддерживать десятикратное масштабирование.

В соответствие с инвариантом $I_\perp$ для треугольника ΔABC с катетами $AB = D$ и $BC = 2D$, квадрат гипотенузы AC равен сумме квадратов катетов $AB = D$ и $BC = 2D$. С другой стороны, построив окружность диаметра D с центром в середине гипотенузы AC, можно убедиться, что в квадрат гипотенузы AC в точности вписываются: в центре – один квадрат D^2, по перефирии – четыре прямоугольника со сторонами $\varPhi$ и $\varPhi - D$. Следовательно, в соответствие с инвариантом $I_\perp$ прямоугольник со сторонами $\varPhi$ и $\varPhi - D$ имеет искомую площадь $S_{e\partial}$, т.е. равную площади эталонного квадрата D^2. Можно показать, что верно будет и обратное утверждение: если $\varPhi \cdot (\varPhi - D) = D^2$, то для треугольника ΔABC с катетами $AB = D$ и $BC = 2D$ инвариантом является геометрическая фигура $I_\perp$, алгебраическое отображение которого представляется в виде выражения $m^2 \cdot S_{e\partial} + n^2 \cdot S_{e\partial} = c^2 \cdot S_{e\partial}$, где $S_{e\partial}$ – площадь эталонного квадрата D^2, m, n, c – длины катетов и гипотенузы соответственно, представленные условно-целыми числами десятичного счисления.

Отсюда следует, что для перехода к десятичной системе, сохраняя концепцию шумеров, мы должны заменить измерительный инструмент $\Delta345$ (площадью S_{345}) Золотым прямоугольником (ЗП) со сторонами $\varPhi$ и $\varPhi - D$ (площадью $S_{e\partial} = D^2$). В этом случае в рамках десятичного счисления все вышеуказанные условия будут соблюдены и обозначенные цели достигнуты.

Таким образом, искомое (операционное) расширение системы шумеров закончено.

Нетрудно заметить, что непосредственным следствием данного конструктивного решения будет теорема Пифагора, распространяющаяся на все без исключений множество условно-целых чисел десятичного позиционного счисления. Причем данный вывод принципиально отличается от формулировки теоремы Пифагора, используемой в современной математике.

Часть 2. Конвенция шумеров и гносеология

Несмотря на относительную простоту используемых в конвенциях средств, системе шумеров по замыслу создателей отводится вовсе не тривиальная роль в процессе становления и развития нашей цивилизации: ни много ни мало источник формирования общего мировоззрения для всего человечества. Прежде всего это следует из свойств и особенностей самой системы, которая нашла свое применение в различных точных разделах современного знания. Если в те далекие времена, на заре развития наук, из-за недостатка имеющихся теоретических и эмпирических средств, да и просто из-за скудости исторического опыта, сохраненного для последующих поколений на многие тысячелетия вперед, весьма трудно было развеять сомнения людей в фундаментальности данного утверждения, то в наше время можно найти достаточно аргументов для того, чтобы удостовериться в справедливо обоснованной амбициозности их замысла. И нет ничего предосудительного в том, что небходимые аргументы мы черпаем из области точных наук, а следствия распространяем далеко за их пределы. Именно точные науки являются первичными надстройками системы шумеров и именно в них мы можем найти фактически эталонные по своей убедительности аргументы в пользу сделанных предположений, сверяя следствия из последних с действительным положением дел в окружающем нас мире. Другого способа убедиться в достоверности или ложности идей, как только сравнивать их с эмпирическими фактами, не существует. Это с одной стороны. А с другой, именно данный способ ведет к достижению главной цели нашей цивилизации (что следует непосредственно из единственно эффективного метода взаимодействия психологического субъекта с окружающей средой, который называют методом проб и ошибок или методом интриги): добиться, в первую очередь, ее устойчивого существования, как одной из форм организации материи, в окружающем материальном мире. Таким образом, имея единственный и фактически эталонный способ убедительного доказательства, будем за неимением и не нужностью другого пользоваться им в дискуссиях, и, в том числе, выходящих за пределы точных наук. Обсудим ниже некоторые аргументы.

Глава 1. Роль конвенций в математике.

1. Особенность интерпретации и информативность Языка

Построенное шумерами алгебро-геометрическое отображение предоставляет возможность вместо геометрических методов исследования графических объектов использовать методы обработки информационных сообщений, состоящих из конечных наборов символов. Это стало доступным с появлением языка, позволяющего заменить анализ физически исполняемых операций анализом вербальных.

Можно сказать, что главное достижение шумеров – это создание средства коммуникации, (первого) специального субъязыка, для обмена информацией между людьми, способы интерпретации передаваемой информации на котором, в отличие от языка традиционного, ограничиваются только физически реализуемыми и визуально представляемыми моделями дискретных ансамблей, составленных из дискретных геометрических объектов – треугольников $\Delta 345$, принцип построения которых ясен и понятен практически любому человеку и останется таковым пока существует наша цивилизация.

Как и любую другую инженерную конструкцию, систему шумеров бессмысленно пытаться вывести из каких-то более общих идей. Ее надо или принимать такой, как она есть и пользоваться ею, или отвергать, заменяя другой. Попытки разделить и развивать в отрыве друг от друга ее составные части – алгебру и геометрию – в качестве самостоятельных и самодостаточных (замкнутых каждая на себя самоё) систем знаний приводят к нарушению целостности всей системы и к беспредельно далеко идущим абстрактным обобщениям. Для последних, как свидетельствуют философы и показывает практика, человеческое мышление само по себе, т.е. находясь в отрыве от всего внешнего материального и предоставленное самому себе осуществлять умозаключения в рамках чистой логики, подстегиваемое неуемной фантазией, не имеет (и, вполне вероятно, не может иметь) совершенно никаких ограничений. Поэтому во все эпохи при восприятии выводов математиков, действующих в подобного рода условиях, требовался и требуется здоровый скептицизм и осторожность.

Представим себе, например, что Имярек решил построить самостоятельную теорию для точек и тире из азбуки Морзе, рассматривая их в отрыве от букв конкретного языка. То есть, условно говоря, он поставил перед собой задачу отвлечься от основной цели автора азбуки, согласно которой для кодирования букв (например, русского языка) приняты определенные наборы этих самых точек и тире, и вместо этого, решил рассматривать их шире, как средство кодирования вообще (чего бы то ни было) с достижением, допустим, некоего эстетического эффекта в частоте и последовательности чередующихся графических символов. Вполне вероятно, что Имярек может сделать много и даже весьма интересных выводов о возможности кодировки с их помощью других полезных объектов (сравните биты в современной информатике), которые однако никак не могут повлиять ни на структуру алфавита исходного языка ни на язык в целом. Более того, для исходных целей самого Морзе (т.е. для первоначальной системы), все исследования Имярека окажутся бессмысленными, буквы как передавались с помощью коротких и длинных сигналов и пауз между ними, так и будут передаваться, если возникает необходимость передачи телеграфного сообщения. И все-таки математика – это не азбука Морзе, в идее разделения алгебры и геометрии есть определенный резон. О нем будет сказано ниже.

Еще одной особенностью созданного средства коммуникации является то, что в рамках определенной конвенции информативность используемой алгебры (и языка в целом) об объектах неевклидовых геометрий является ничтожной по построению. Другими словами, ее предназначение и потенциал в том, что в любом пространстве с ее помощью мы можем информативно выделить из него только то, что в нем имеется от геометрии евклидовой и ничего более, т.к. информация иного рода недоступна. Кроме этого, даже если данная алгебра (и ее носитель – позиционное счисление) используется для моделей не геометрического характера (экономических, статистических и т.д.) или вообще абстрактных, все алгебраические модели обязательно найдут свою графическую интепретацию на объектах евклидовой геометрии, т.к. конкретный символ любого числа интерпретируется определенной конечной суммой экземпляров эталона (в некотором масштабе из их конечной упорядоченной совокупности), адресу символа (позиции в числе) соответствует определенный масштаб (из той же совокупности) суммируемого эталона.

В том числе это относится и к физике, геометрическое пространство для нее является необходимой средой, внутри которой рассматриваются события и взаимодействия объектов. Поэтому для нее, в частности, (как и для геометрии вообще) основополагающим будет следующий принцип: *Пространство только в той мере предрасположено к введению в нем метрики, в какой человек имеет способность метризовать его; с другой стороны, человек предрасположен к метризации пространства только в той мере, в какой в данном пространстве существуют средства (в том числе и условия) для установления его метрики человеком* (малый антропный принцип Ноосферы).

2. Альтернативный метод

В современной геометрии, следуя аксиоматическому методу, декларируется совокупность аксиом для трех типов никак не определяемых объектов, снабженных только именами: точка, прямая и плоскость. Любые три типа объектов, удовлетворяющие всем без исключения аксиомам, могут быть интерпретированы в качестве таковых. Предоставление неограниченной возможности в выборе конкретных моделей (троек объектов) для интерпретации аксиом придает гибкость всей системе. С другой стороны, это порождает трудности с выбором (и обоснованием выбора) единственной модели, опираясь на которую (или именно для которой) создавалась сама структура [4]. Получается так, что упорный и кропотливый труд математика по формулированию логически непротиворечивой и компактной структуры становится совершенно непригодным, когда возникает потребность в обосновании выбора интерпретации определенной модели на данной структуре. Поэтому такой выбор по праву можно считать совершенно аллогичным или, по крайней мере, случайным и никак логически не обоснованным. Это отличительная черта аксиоматического метода самого по себе и своего рода обратный эффект принятого способа рассуждений или необходимая плата за нашу неограниченную возможность мыслить абстрактно, путем обобщений в рамках современной математики, пользуясь фактически методами теологии: верой (доверием) в абсолют чистой логики, отвлеченной от всего, что к ней не относится, а следовательно, только в мыслительные способности человека как таковые.

Свою конструктивную математику шумеры построили совершенно иным путем. Вместо постулирования комплекса нормативов отношений между некими объектами и последующего подбора кандидатов на роль их носителей они декларировали конструктивный (технологически выполнимый) процесс построения определенных геометрических объектов с использованием конкретных технологических средств (плоскость, циркуль, линейка), предоставляя в дальнейшем свободу для формализации отношений между объектами и развития процедур оперирования ими. Другими словами, фундаментом их системы является уже готовая конкретная модель, состоящая из строго определенных объектов и отношений между ними, а конструктивными надстройками системы могут быть математические структуры непротиворечиво интерпретируемые именно на данной модели. В свободе выбора способов осуществления подобных надстроек заключается развитие всей теоретической части математики в последующем. К слову сказать, анализ первой попытки в реализации подобного рода «степени свободы» при введении операций быстрого счета – переход к единице площади D^2 и единице угла в один градус (в современном понимании) – показывает, что, например, для сохранения изоморфизма приемлемы не все процедурные решения.

Тем не менее при таком подходе открывается возможность эффективного построения конструктивной математики (физической) и развития ее приложений.

Для этого необходимо на каждом этапе учитывать определенные условия – дискретность и конечность, – поскольку объектами алгебры с конечным числом (пары) аддитивных операций являются целые (условно-целые) конечные положительные числа позиционного счисления. Кроме того, следует иметь в виду, что, несмотря на привлечение альтернативной конвенции, позволяющей избавить конструкцию от «немых» чисел, операции умножения и деления самостоятельного значения не имеют, а привлекаются только лишь для удобства обозначения весьма узкого и специального сорта конечного количества аддитивных операций. Иначе возможны коллизии на методологическом уровне. Например, попытка распространить операцию деления на все числа эквивалентна принятию абстракции актуальной бесконечности, т.к. в этом случае при делении $m:n$ вместо конечного количества вычетов числа n из m (если такое возможно) мы должны в общем случае совершить (точнее говоря, совершать, поскольку подобный процесс невозможно закончить) бесконечно много таких вычитаний и не меньше. Как это итерпретировать не только в голове (к чему современные поколения уже привыкли), но и на геометрической модели, неизвестно. Поэтому, вполне по праву относя принятие данной абстракции к теологической методологии, в конструктивной математике следует довольствоваться возможностью ограниченного деления чисел или, по крайней мере, с любой заданной наперед точностью.

3. Конвенциональное измерение расстояний

С учетом рассмотренных симметрий измерительного инструмента шумеров один и тот же отрезок между двумя заданными точками может быть измерен любым из четырех возможных способов: либо одним из двух катетов, либо гипотенузой, либо высотой $\Delta 345$. В каждом случае будет измеряться не длина непосредственно, а площадь прямоугольника высотой в один треугольник $\Delta 345$, и в каждом из четырех способов данной высотой будет служить отрезок треугольника $\Delta 345$, нормальный тому, которым измеряется расстояние между двумя заданными точками. Таким образом, результатом измерения любого расстояния L является квартет площадей прямоугольников (не произвольных, а «единичной» высоты):

$$L = [\![\{N_1\}; \{N_2\}; \{N_3\}; \{N_4\}]\!] \cdot S_{345},$$ где $\{N_1\}; \{N_2\}; \{N_3\}; \{N_4\}$ — четыре числа из 60-значного счисления. Соответственно в десятичном счислении результатом измерения любого расстояния является не одиночное значение, а дублет площадей $L = [\![S_1; S_2]\!] \cdot \Phi(\Phi - D)$, где $S_1; S_2$ — два числа данного счисления.

Характерная особенность данного метода измерений в том, что мы получаем преимущества вводить скоррелированные метрики для линейных измерений сразу в двух взаимоортогональных направлениях, а также опосредованно через метрику площадей, скоррелированные метрики для линейных и угловых измерений. В противоположность этому в современной математике, как известно, существует свобода выбора метрик как для каждого из взаимоортогональных направлений, так и для величин линейных независимо от угловых; а устранение излишней свободы осуществляется введением особых условий (евклидовости метрики) и использованием переменных специальной структуры (тригонометрической). В то же время заведомое отсутствие таких свобод, облегчает навигацию в двумерном пространстве (плоскости) в рамках евклидовой метрики. Выбрав однажды направление для одного катета $\Delta 345$ (и автоматически для другого тоже), плоскопараллельное движение треугольника $\Delta 345$ из текущего положения в последующее (путем совмещения концов катетов) определит или движение вдоль прямой или вдоль ей ортогонального направления на любое заранее заданное расстояние. Таким образом, $\Delta 345$ (и ЗП) позволяет фиксировать соблюдение евклидовой метрики при переходе из начальной точки в любую соседнюю, т.к. его роль не только в указании определенного направления, подобно тому, как это делают гироскопы в реальной современной технике, но он эффективен еще и для измерения пройденного расстояния вдоль заданного (с помощью его самого) направления. Это принципиально меняет ситуацию в физических (и, конечно, математических) приложениях. Вернемся к этому ниже при обсуждении модели ОТО в физике.

4. Современная система измерений

В современных экспериментах линейная величина, например, длина отрезка BC, измеряется фактически площадями прямоугольников $ABCD$, в котором высота AB является «единичной». С точки зрения конвенциональной системы измерения для анализа общетеоретических вопросов этого недостаточно, т.к., согласно конвенции, нормой для результата измерения длины, например, в десятичном счислении должен быть дублет значений $L = [\![S_1; S_2]\!] \cdot \Phi(\Phi - D)$. Тем не менее, в каждом конкретном случае, как это и происходит на практике, вполне достаточно наличие только одного значения. Допустим, получен результат измерения $L = S_1 \cdot D$, где S_1 — число десятичного счисления, а D — единица измерения (например, метр). Сравнивая его с результатом, полученным одним из конвенциональных способов, нетрудно заметить, что в полученом выражении для L между S_1 и D следует учесть дополнительный числовой коэффициент Φ_0 (или $\Phi_0 - 1$), который можно отнести или к S_1 или к D. Тогда в первом случае можно считать, что эталонный отрезок D укладывается $S_1 \cdot \Phi_0$ \или $S_1 \cdot (\Phi_0 - 1)$\ раз внутри отрезка L, а во втором — на том же самом отрезке L укладывается S_1

раз эталонный отрезок $D \cdot \Phi_0$ \или $D \cdot (\Phi_0 - 1)$ \. Действительно, одно из конвенциональных значений дублета, например, $L = S_1 \cdot \Phi \cdot (\Phi - D)$, делим на «единичную» высоту. Такой высотой в данном случае пусть будет сторона золотого прямоугольника $(\Phi - D)$. Остается длина $L = S_1 \cdot \Phi$. Но $\Phi = \Phi_0 \cdot D$, где $\Phi_0 = 1,6180....$ – золотое сечение. Поэтому в единицах D мы должны получить значение $L = S_1 \cdot \Phi_0 \cdot D = (S_1 \cdot \Phi_0) \cdot D$, где $(S_1 \cdot \Phi_0)$ - десятичное число, которое отличается от S_1, используемого в современных расчетах, лишь коэффициентом.

Таким образом, все линейные измерения в современной математике можно считать почти соответствуют нормативам альтернативной конвенции для десятичного счисления, если отвлечься от требуемой их двузначности (дублетности). Поэтому все, что следует иметь в виду: реальный эталон длины фактически отличается от предполагаемого, т.е. метровым эталоном является не тот образец, что хранится в Международном бюро мер и весов во Франции, а в Φ_0 (или $\Phi_0 - 1$) раз меньший.

С измерением углов дело обстоит аналогично. Формально в современной геометрии процедура их измерения (в радианах) соответствует норме для конвенционального десятичного счисления: определяется соотношение площади всей окружности некоторого радиуса и площади сектора, ограниченного лучами измеряемого угла, той же окружности. Отличие в том, что вместо золотого прямоугольника в качестве измерительного инструмента используется эталонный квадрат D^2. Но поскольку количество квадратов D^2 и количество прямоугольников $\Phi \cdot (\Phi - D)$ на одной и той же площади совпадает, т.к. $\Phi \cdot (\Phi - D) = D^2$, то доля площади окружности, ограниченная углом, в площади всей окружности формально (но не по существу) определяется достаточно корректно. Однако численное значение измеренного угла, т.е. отображение корректной процедуры измерения в числовом выражении, записывается с заведомым нарушением конвенции изоморфизма, т.к. единицей измерения является не $1/10$ часть полного угла, а радиан ($1/2\pi$ часть).

Таким образом, выбор современных единиц для измерения линейных и угловых величин приводит к нарушению коррелирующей связи между метриками для данного счисления.

Отсюда следует, что во всех вычислениях мы обязаны учитывать существование двух независимых и, вероятно, различных метрик, угловой и линейной. Поэтому, как уже отмечалось выше, требуется введение ограничивающих условий и переменных специальной структуры.

5. Особенность альтернативной конвенции.

В конвенции шумеров алгебро-геометрическое отображение объектов $3^2 \cdot D^2 + 4^2 \cdot D^2 = 5^2 \cdot D^2$ и $\Delta 345$, относящихся к главному измерительному инструменту, генератору информации, вполне однозначно. Отрезки Φ и $(\Phi - D)$, в свою очередь, используются только для установления изоморфизма с угловой метрикой при построении правильных многоугольников.

В то же время при алгебраической однозначности выражения Золотого сечения (ЗС) $\Phi \cdot (\Phi - D) = D^2$ геометрически, кроме прямоугольника, можно построить множество параллелограммов, имеющих данную площадь, если их сторона и высота будут иметь значения Φ и $(\Phi - D)$. Таким образом, хотя использование ЗС в алгебраических выражениях гарантирует соблюдение определенной меры в двух взаимоортогональных направлениях, тем не менее геометрическая интерпретация выражения ЗС неоднозначна. Для геометрии «площадей» древних шумеров неоднозначность геометрической интерпретации алгебраического выражения для главного измерительного инструмента является слабым звеном всей конвенции изоморфизма. Именно поэтому их выбор был сделан в пользу $\Delta 345$.

В альтернативной конвенции инструмент $\Delta 345$ заменяется Золотым Прямоугольником (ЗП), а дополнением ее геометрической модели являются два треугольника $\Delta 345$ со сторонами $3\Phi, 4\Phi, 5\Phi$ и $3(\Phi - D), 4(\Phi - D), 5(\Phi - D)$, которые используются для поддержания изоморфизма при делении соответствующих линейных отрезков на пять равных частей. В силу неоднозначности геометрической интепретации выражения ЗС геометрической фигурой с заданной площадью вместо самого ЗП доминирующее положение с точки зрения информативности приобретают отдельные отрезки и углы, имеющие числовые значения пропорциональные Φ и $(\Phi - D)$, что привело к формированию в пост-пифагорейский период геометрии «отрезков и углов».

Глава 2. Роль конвенций в физике.

Венцом современной теоретической физики можно обоснованно считать предполагаемое объединение общей теории относительности (ОТО) и квантовой теории поля (КТП) в, так называемую, теорию всего. В свете данной теории и рассмотрим конвенции.

1. Время и пространство

Судя по названиям угловых единиц измерения, используемых в современной математике, можно с большой долей вероятности предположить, что идея соразмеримости пространства и времени стала первопричиной, побудившей математиков древних шумер к созданию своей системы. Так это или нет, сейчас не важно. Важно то, что, несмотря на существование различных философских теорий и бесконечных дискуссий о сущности времени, разработанная ими концепция укоренилась повсеместно и, по умолчанию, успешно реализуется и в быту и в науке вплоть до наших дней. Достаточно вспомнить, что для выражения значения временного интервала мы пользуемся тем же самым позиционным счислением, что и для выражения величин геометрических областей ($1, 2, 3, \ldots$ измерений). Причем не мгновений и точек, а именно интервалов и областей. Поэтому вся философия о сущности времени с необходимостью должна сводиться к вопросу эффективной измеримости в пространстве. В противном случае парадоксов не избежать. Имеется изменение (движение, процесс), которое только и доступно человеку отметить. Все остальное – условности, необходимые самому человеку, как вехи, чтобы отметить логический акт перехода между ними, и не имеющие в материальном мире никаких оснований для эффективной фиксации, поскольку сам человек не имеет внешних средств для ее осуществления.

Эффективная измеримость пространства, как уже отмечалось выше, доступна сразу в двух взаимоортогональных направлениях. Причем в каждом из них может быть выбрана любая из этих двух метрик, и метрики не могут быть одинаковыми сразу в обоих направлениях. Отсюда следует, что при использовании десятичного счисления для описания евклидова двумерного пространства, мы должны учитывать его анизотропию. Но и это еще не все. Не менее непривычным для нас является следующее следствие: при измерении одного и того же отрезка в прямом и обратном направлении существует вероятность получения различных результатов, т.к. при измерении отрезка в противоположных направлениях из двух метрик Φ и $(\Phi - D)$ равновозможен выбор как и одной и той же из них, так и разных. И все эти симметрии в полной мере должны быть отражены при измерении временных интервалов.

2. Геометрические истоки физических величин

Хотя математика «площадей» шумеров стала в пост-пифагорейский период математикой «длин и углов», но в неявном виде площади все равно играют в ней определяющую роль. Линейные и угловые величины, как было показано, определяются при посредничестве площадей; другой способ нам неизвестен.

Измерения физических величин показывают, что их изменение так или иначе зависит от квадратов линейных размеров, т.е. площадей. Другое и не может быть обнаружено. Действительно, измерение любой физической величины осуществляется в результате проведения определенного эксперимента в пространстве и времени и всегда связано с измерением геометрического параметра, который, в свою очередь, определяется через количество треугольников $\Delta 345$ (или ЗП). Для сравнительного анализа однородных геометрических параметров достаточно сравнивать количества, т.е. числа, этих треугольников; единицы же измерения, треугольники $\Delta 345$, могут быть исключены из рассмотрения без искажения конечного результата анализа. При сравнительном анализе разнородных величин (а такими являются, например, вес тела и величина перемещения площадки, на которую он оказывает воздействие) игнорировать единицы измерения невозможно. Мы должны указывать их явно, в том числе и в уравнениях, связывающих закономерность изменения одной величины в зависимости от другой. Иначе они будут неявно присутствовать в коэффициенте преобразования двух разнородных величин (константе взаимодействия).

3. О разрешимости уравнений ОТО

Прошло сто лет после публикации Общей Теории Относительности, пожалуй, самой экстравагантной теоретической конструкции нового времени. Хотя ее необычность всего лишь в парадоксальности выводов, сделанных А. Эйнштейном и поддерживаемых его последователями, с точки зрения восприятия окружающего мира обычным человеком. Собственно система уравнений ОТО, предложенная гениальным математиком Марселем Гроссманом, чрезвычайно изящна и ее, как и конструкции шумеров, место в одной галлерее с другими величайшими произведениями искусства, созданными когда-либо гениями рода человеческого. Совсем иначе обстоит дело с выводами, сделанными А. Эйнштейном в рамках ОТО. Сам М. Гроссман был категорически не согласен с ними, пытался их оспаривать и, не найдя достаточных аргументов, просто отказался от соавторства с Эйнштейном. Опыт и интуиция математика, нашедшего уникальнейшие уравнения и положившего при этом на алтарь науки свое собственное здоровье, не позволяли ему принять интерпретацию физика.

Как можно сравнивать несоразмеримое? А если нельзя сравнивать, то о каких математических уравнениях вообще может идти речь? Никакая динамика, никакая физика, ничто нематематическое, не может определять равновесие, эквивалентность, все то, что представляют собой обе части уравнения. Вне математики об окружающем мире допустимо делать любые абстрактные выводы, объективность которых может вовсе не иметь никаких оснований. Но только при наличии конкретных метрических средств, а, следовательно, и определенной математики, человек имеет возможность сводить в уравнения эквивалентные элементы. И объективность данной процедуры гарантируется ровно в той мере, в какой метрические средства позволяют измерять (см. малый антропный принцип). И ровно в той же мере выводы физика могут быть объективными. Но эти выводы – вторичны. Сначала должна быть установлена математическая эквивалентность (уравнение), подтвержденная измерительными средствами. Только после ее установления и на основе данного факта можно делать выводы о физике процесса, а отношение таких выводов к реальным явлениям будет гарантироваться существованием математически корректного конструктивного способа ее верификации. Другими словами, физика должна определяться математикой, а не наоборот. Он же, Гроссман, строил свои уравнения, исходя из возможности сравнения величин, в том числе и возможности их верификации измерительными средствами; это было изначально непреложным и неотъемлемым условием для возведения всей конструкции, можно сказать, азбучными истинами для всей последующей работы. Следовательно, должен существовать способ для соразмерения. Просто обязан быть. А, значит, он есть. Вполне вероятно, что аргументы автора уравнений были близки к вышеприведенным.

Эйнштейн, в свою очередь, как и любой другой физик, не мог согласиться с тем, что математика определяет физику. Все физические процессы в мире происходят так, как происходят. Они совершенно не зависят от того, имеются ли у нас какие-либо математические средства для их описания или нет. Физик только выбирает подходящий математический аппарат (если он существует) для адекватного описания процессов и не более того. По сути, математика является только средством (языком) для изложения объективно существующих в Природе закономерностей. Для современного физика такие аргументы более убедительны.

Так в чем же коллизия двух различных точек зрения? И есть ли она вообще? Да, она есть, и достаточно давно укоренилась в научной среде, так что нередко математики и физики мыслят по-разному. Факт ее появления можно рассматривать, как результат пренебрежительного отношения к наследию прошлого, пусть и не преднамеренного, а вынужденного, возникшего в результате утраты связи между поколениями, но тем не менее это так. Если бы система шумеров во всей полноте предстала научному миру многие столетия назад, то никакой коллизии бы не возникло, и обе точки зрения с полным правом сосуществовали, взаимообусловливая и взаимодополняя друг друга в научной среде до наших дней. Ведь фактически математика шумеров построена на базе «элементарных» физических процессов, имеющих место в окружающей среде, затем эта же математика, получив дополнительное развитие, через века (и тысячелетия) стала применяться для описания более «сложной» физики. Таким образом, современная теоретическая физика, можно сказать, является ничем иным, как «мозаичным полотном», построенным из «физических элементов» шумеров. Точнее говоря, все физические явления соразмеряются «элементарными», выбранными древними шумерами в качестве эталонных. При этом их математический язык является необходимым (и, вероятно, достаточным) «посредником» или «средством» в данном строительстве.

Обсудим данный тезис более подробно в приложении к ОТО.

Дух, царящий в сообществе физиков первой половины XX в., можно определить, наверное, так: неуемное буйство фантазии и безмерное воображение – путь к открытию новой теории. Широко известен афоризм Н. Бора о «безумных» физических теориях того времени. Вероятно, одной из первых была ОТО. Уже столетие, как заброшенное украшение, она пылится на полке без заметных полезных приложений в жизни. Только в некоторых частных случаях, когда из общей системы уравнений путем ряда упрощений (за счет введения некоторых специальных условий для компонент метрического тензора) удается получить расчетные данные, обнаруживается весьма убедительное совпадение с экспериментом. Но и это уже вселяет оптимизм и надежду.

Система уравнений ОТО сформулирована М Гроссманом, исходя из самых общих представлений о возможности преобразования координат при движении объектов. Настолько общих, что построенная им система содержит гораздо больше неизвестных, чем количество уравнений в ней. Как следствие, ее решением при заданных начальных условиях будет не одна полная совокупность всех некоторым образом меняющихся координат, а их бесконечное множество, причем меняющихся совершенно непредсказуемо. Данная неопределенность и послужила основанием для всех известных выводов физиков в течение прошедшего столетия о кривизне пространства-времени, парадоксе близнецов и многих других (зачастую, полуспекулятивных), поддерживаемых в научном мире и поныне.

Возможность соразмеримости параметров (координат) в ОТО никто из физиков не отрицает. Да, говорят они, существует способ определить декартовую систему координат (используемую как шаблон при введении евклидовой метрики в пространстве) для движущегося произвольным образом материального тела. Но только локально, т.е. в некоторой точке и в пределах небольшой ее окрестности. Почему локально? Потому что, если тело переместится дальше, то не зная закона, по которому мы должны преобразовать декартовые координаты, нельзя утверждать, что координаты тела в новом месте расположения останутся декартовыми. Ведь полной совокупностью всех координат, приписываемой телу в новом месте, может быть не одна, а множество их. В том числе, такой может быть уже и другая совокупность «искривленных» неопределенным образом координат. Значит даже если в начальной точке и были получены (построены) декартовые координаты, то глобально (повсеместно), т.е. вне пределов небольшой окрестности начального положения тела, движение самого тела уже неправомерно описывать декартовыми координатами. В механике Ньютона в подобной ситуации наше право было обеспечено существованием обязательного «довеска» — условиями, предъявляемыми к уравнениям движения, — в виде явного закона преобразования координат. В уравнениях Гроссмана такого «довеска» нет, значит и право у нас отсутствует. Так ли это на самом деле? Или в некоторых случаях оно все-таки имеется?

Рассмотрим наглядный пример. Допустим из пункта A в пункт B отправился пешеход. Мы знаем время и координаты начала и скорость его движения. Но как только пешеход удалился на некоторое расстояние от пункта A, мы не в состоянии, например, по карте, определить точку, где находится пешеход в данный момент и в любой последующий. Просто потому, что из пункта A в пункт B он может двигаться множеством различных тропинок, каждая из которых может быть «геодезической» линией его движения, будучи выбранной из множества других, представляющих ее «локальное» окружение. Если мы посадим пешехода в пункте A на автомобиль, то путь его движения станет более определенным, но не единственным, если в пункт B ведет не одна трасса. Совсем другое дело будет, если мы посадим того же пешехода, например, на поезд с магнитной подушкой, который ходит по рельсам вдоль единственного маршрута, проложенного из пункта A в пункт B. Все возможные «флуктуации» положения поезда, его отклонения от направления рельсов, во время движения будут компенсироваться в каждый момент действием магнита, восстанавливающим положение всего поезда относительно рельсов. Поэтому, зная скорость движения поезда и начало его отправления, мы в любой момент по той же карте сможем определить, где находится наш пешеход (теперь он — пассажир поезда), т.е. *получим право* «глобально» описывать его движение в декартовых координатах.

Как для любого добротного замка существует один-единственный способ открыть его, не нарушая его целостности, это пользоваться методом, заложенным конструктором при создании самого замка (а заветный ключик является лишь исполнительным инструментом), так и для решения системы уравнений ОТО существует свой метод, а ключом является определенная позиционная система счисления, точнее, конвенция изоморфизма.

На систему М. Гроссмана с тем же количеством уравнений и неизвестных можно взглянуть иначе. Во-первых, современная алгебра построена совершенно независимо от геометрии. Во-вторых данная алгебра является достаточно абстрактной теоретической структурой; по крайней мере настолько, что в ней нет ограничений на использование того или иного счисления, поскольку для нее все счисления являются эквивалентными и все ее выводы в равной степени правомерны для любого, в том числе и не позиционного. С другой стороны, без конкретного счисления она остается бесполезной мыслительной композицией. В-третьих, в неевклидовой геометрии отсутствует единый мерительный инструмент пусть даже с конечным числом симметрий и допускается использование любого; кроме того, допускается изменение метрики при переходе от точки к точке пространства произвольным образом; наряду с этим, *возможность установления метрики в каждой точке пространства* – одно из существенных условий в ней. Значит, речь может идти о различных (даже о гипотетически возможных) измерительных инструментах, с каждым из которых может быть связано свое счисление (и не обязательно позиционное), причем на разных участках траектории возможно применение любого из них с соответствующим счислением. В-четвертых, дифференциальная геометрия выстроена по законам все той же абстрактной алгебры и, как следствие, допускает, что значениями координат даже *в двух соседних точках одной линии* (траектории движения) могут быть числа совершенно из произвольных (и даже неограниченно расширенных) счислений (а в неевклидовой геометрии, как было отмечено выше, нет метрических оснований для возникновения противоречия). С другой стороны, дифференциальная геометрия без возможности определения координат теряет смысл, как источник формирования определенной математической структуры. В пятых, вариационное счисление допускает возможность выбора из множества равноправно возможных траекторий только одной, объявляемой геодезической между начальной и конечной точками. Следовательно, предоставляет возможность выбора чисел, принадлежащих весьма узкому подмножеству (а почему не подмножеству условно-целых чисел???) из неограниченно расширенного множества чисел (которым вполне можно считать, например, множество действительных или комплексных чисел), используемых для выражения значений координат в промежуточных точках траектории. В-шестых, тензорная алгебра (уравнения, как известно выражены в тензорной форме) позволяет рассматривать совершенно равноправно симметричные состояния объектов; в данном случае, речь идет о равноправности числовых результатов измерений инструментом, полученных при любом из его симметричных рабочих положений. Все вместе эти факторы позволяют создать в наиболее общем виде алгебро-геометрическое отображение, моделирующее процедуру измерения некоторого физически исполнимого процесса. Поскольку при переходе от точки к точке измерения мы можем менять произвольным образом инструмент и соответствующее ему счисление, то существенной особенностью такого отображения будет деформация («искривление») декартовой (или плоской цилиндрической) системы координат (рис. 10). И в то же время вся эта математическая конструкция в отсутствие какой бы то ни было конвенции для практического измерения, включающей в себя и мерительный инструмент и соответствующее счисление, превращается, если не в совершенно бесполезную груду символов, то, по крайней мере, в (вербальное) утверждение, подобное представленному выше, о достижении функцией максимума, на которое сетовали А.Н. Колмогоров и А.Г. Драгалин.

Но мы точно знаем, исходя из требования ясности получаемой информации и рутинной математической практики, что областью значений всех неизвестных в уравнениях являются числа только одного определенного позиционного счисления, допустим 60-значного. Если в двумерном пространстве навигация движущегося объекта задается треугольником $\Delta 345$, то тем самым координаты объекта могут быть определены, как было отмечено выше, как в начальной точке, так и в любой соседней, т.е. как локально, так и глобально.

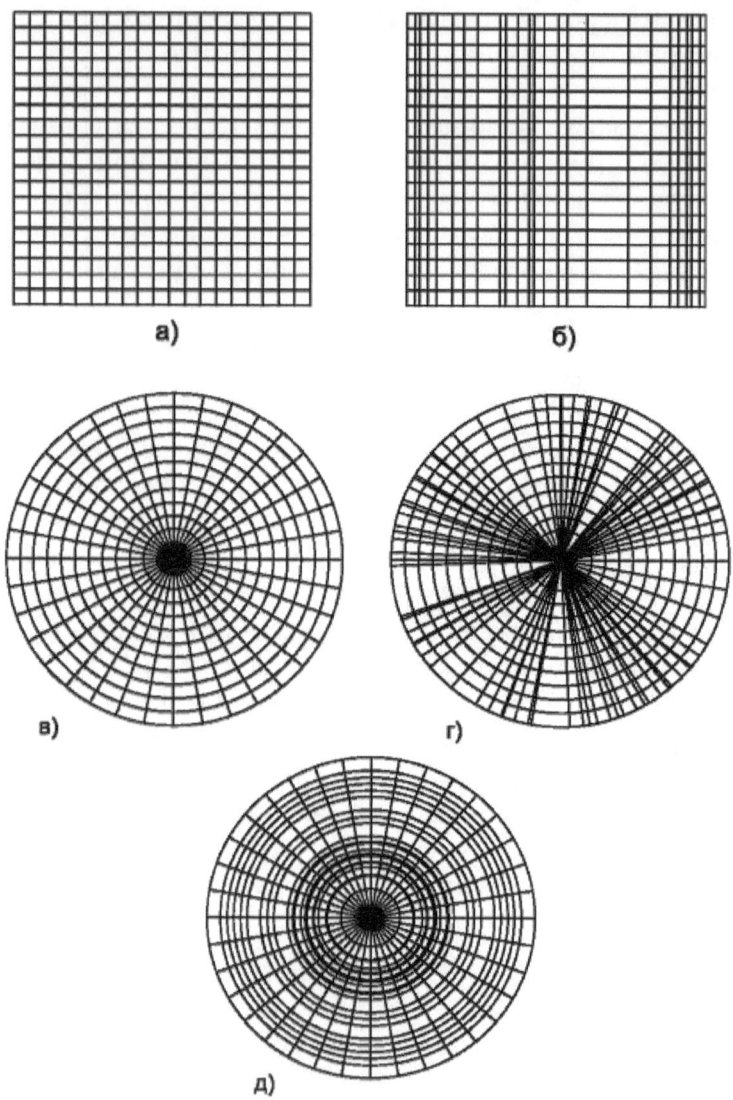

Рис.10.Деформация системы координат.

а) плоское пространство с равномерной прямоугольной сеткой декартовых координат;

б) «искривленное» пространство с неравномерной горизонтальной координатой;

в) плоское пространство с равномерной радиально-угловой сеткой координат;

г) «искривленное» пространство с неравномерной угловой координатой;

д) «искривленное» пространство с неравномерной радиальной координатой.

Образно говоря, $\Delta 345$ формирует направление геодезической линии («рельса») глобально, исполняя в то же время роль счетчика пройденного расстояния вдоль геодезической, значение которого (счетчика) отображается числом 60-значного позиционного счисления. При этом геометрически измеренное расстояние будет заведомо соответствовать всем нормам евклидовой метрики, гарантом чего является $\Delta 345$. Поэтому координаты концевых точек пройденного отрезка уже заведомо будут связанными евклидовой метрикой, и вводить между ними специальную связь, как это традиционно делается в современной математике (и в механике Ньютона), вовсе не требуется. Ведь переход от одного числа 60-значного счисления к другому числу того же счисления в силу правил образования чисел и внутренних законов (алгебры) этого счисления осуществляется в точности по законам преобразования (значений) евклидовых координат. Алгебра самого счисления, образно выражаясь, выполняет роль магнита, притягивающего поезд к рельсам. На практике вычислений для системы уравнений ОТО это отражается следующим образом. Если измерения производятся заведомо треугольником $\Delta 345$ и замеры отражаются в соответствующем счислении, то подставляя числовые значения данных замеров непосредственно в уравнения и решая уравнения (например, численным методом в рамках данного счисления), мы можем быть уверены, что получим совокупность координат (в необходимом количестве), которые преобразованы от начальных в точности евклидовым преобразованием, поскольку таковое нам обеспечено использованием соответствующего позиционного счисления.

Отсюда следует, что оперируя числами десятизначного счисления, необходимо проводить измерения Золотым Прямоугольником. В итоге и кривизна и парадоксы и многое другое исчезнут. Останется то, что только и может делать человек в данной ситуации: измерять расстояние ничем иным, как только с помощью евклидовой сетки. Причем настоль далеко, насколько позволяют это делать текущие технологии как в макро-, так и в микромире.

Итак, евклидовая метрика на выбранной плоскости (т.е. в двумерном пространстве) будет соблюдаться заведомо и гарантированно при любых наших алгебраических расчетах в рамках десятичного позиционного счисления в случае, когда мерой при заданном эталоне D будет выступать золотой прямоугольник $\Phi(\Phi - D)$ и его параметры Φ и\или $(\Phi - D)$. Более того, данная мера фактически реализует механизм симметрии между упорядочиванием точек в (двумерном) пространстве и времени, мысленно предполагаемом в уравнениях ОТО. То же самое относится к любой плоскости в пространстве, в том числе и к двум другим, ортогональность которых к выбранной определяется все тем же инструментом. В дополнение к этому, даже если мы расширим четырехмерное пространство ОТО до шестимерного, введением своего собственного времени для каждой из трех пространственных плоскостей, то с помощью альтернативной конвенции изоморфизма мы получим требуемую информацию для каждой из координат. Причем достигнем это фактически, используя только аддитивные операции, т.к. все остальные – не более как операции «быстрого счета». По аналогии с этим в дальнейшем возможны и последующие шаги в симметризации процедуры измерений, связанные с переходом не только от действительных чисел к комплексным, но и гиперкомплексным и далее через симметризацию, например, двух шестимерных комплексных пространств с различной сигнатурой +++−−− и −−−+++ (для каждого из которых четырехмерное пространство ОТО будет представляться частным случаем вложения пространств).

4. Теория суперсимметрий

Приведенный анализ системы уравнений М. Гроссмана показывает, что их конструкция позволяет эффективно осуществлять численные расчеты в области, доступной для геометрических измерений в соответствие с конвенцией изоморфизма. Данная система, как и вся система шумеров, по своей сути представляет собой некоторое алгебро-геометрическое отображение (АГО Гроссмана), как функцию некоторого параметра, который можно назвать технологическим (или информационным) потенциалом цивилизации. Содержательно, это – симметричный алгоритм, позволяющий равноэффективно перечислять как геометрические области пространства по образцу и мере упорядоченности последовательных интервалов времени, так и, наоборот, перечислять временные интервалы по образцу и мере упорядоченности последовательных геометрических результатов. Выглядевшая до сих пор несколько искусственной, симметрия пространственно-временных координат в АГО Гроссмана фактически является естественным следствием концепции изоморфизма шумеров в алгебраическом представлении. Главный недостаток АГО Гроссмана заключается в отсутствии однозначности отображаемых с его помощью объектов из-за мультисимметричности используемого мерительного инструмента.

Анализируя класс задач, которые может и должно решать АГО Гроссмана, следует заметить, что его естественным обобщением будет класс суперсимметрий, т.е. класс, в котором учтены все возможные симметрии в процессе измерения. Расширив конструкцию до такой степени, мы получим теорию суперсимметрий или теорию всего. В этой связи и следует искать дальнейшие формы обобщения АГО Гроссмана.

Выше уже отмечалось, что тензорная форма уравнений связана с наличием симметрий измерительного инструмента, т.е. возможными ориентациями системы отсчета. Среди неучтенных можно отметить два класса симметрий, связанных с выбором начала отсчета, а также с возможностью прерывания измерения и последующего его возобновления на любом этапе этого процесса. Поэтому одним из следующих уровней расширения АГО Гроссмана должно быть встраивание в него соответствующего алгебраического инструмента.

Анализ структуры математического аппарата квантовой теории поля показывает, несмотря на всю экзотику физической интерпретации, данная теория фактически обеспечивает в общем случае учет именно второго класса симметрий. Действительно, объекты данной теории («частицы»), с одной стороны, не могут быть локализованы в соответствие с условиями неопределенности Гейзенберга и поэтому они «размазаны» в некоторой области своего «пребывания». С дугой стороны, уравнения теории дают нам некоторую траекторию, т.е. совокупность упорядоченных точек, среди которых может быть указаны начальная и конечная. Да, уравнения теории дают нам траекторию не для самого объекта, а для его функции, называемой амплитудой плотности вероятности пребывания объекта в данной области (пространственной и временной). Но это и нужно. Не важно как объект перемещался по данной области, главное, что можно с достаточной степенью достоверности утверждать, что он «присутствовал» в данной области. И можно также утверждать, что произведенные измерения с той же степенью достоверности относятся именно к данной области. «Квантовые скачки» между различными областями тоже подотчетны данной теории. Ну и кроме того, объект этой же теории может последовательно пройти все эти области в «свободном» движении, т.е. без всякого принуждения извне, заставлявшего его «перескакивать» (если не сказать, «шарахаться» из стороны в сторону) через области. Таким образом, подобного рода математический аппарат служит для сведения вместе отдельных результатов измерения в спонтанно разбросанных областях, а полученная итоговая информации будет отображать достоверность измерения области их охватывающей.

В качестве одного из инструментов в квантовой теории поля используется континуальный интеграл. На его основе, в середине прошлого века еще в приложении к квантовой механике Р. Фейнман, разработал метод интегрирования по траекториям частиц. Данный метод по степени абстрактности не многим уступает системе уравнений ОТО. В подинтегральном выражении континуального интеграла сводятся все возможные, взятые со своей мерой, траектории частицы при ее перемещении между двумя точками (нерелятивистского) пространства. Формально, при исследовании перехода частицы между двумя точками, пусть это будет даже в пределах обычной лаборатории, под интегралом среди прочих должно стоять выражение, описывающее движение и такой, например, частицы, которая, вылетев из начальной точки и облетев всю Вселенную, вернулась в лабораторию и попала в конечную точку, причем, в соответствие с общими условиями квантования, допускается возможность, что в обеих точках может быть как одна и та же частица, так и разные, но с совершенно идентичными параметрами (частицы-клоны). Каждая траектория входит в подинтегральное выражение со своей мерой, условно говоря, с мерой вероятности осуществления такой траектории (перехода): чем траектория ближе к реальной, тем ее мера весомей.

В результате его интегрирования, как это свойственно для любого определенного интеграла, мы получаем площадь криволинейной фигуры (криволинейной трапеции, состоящей из абсциссы, двух ординат и кривой линии), а при делении результата на область интегрирования – высоту прямоугольника равновеликого площади данной фигуры; затем полученное числовое значение (для высоты) интерпретируется как вероятность осуществления процесса перехода объекта (возможно даже, что не одного и того же) между границами области интегрирования (абсциссами). Таким образом, криволинейная трапеция заменяется равновеликим по площади прямоугольником (измеримым по-шумерски!!!) с тем же основанием, а высота такого прямоугольника интерпретируется как «наиболее вероятное усреднение» двух боковых сторон исходной криволинейной трапеции. Будучи построенным, исходя из наиболее общих посылок, континуальное интегрирование, как следствие, позволяет получать результаты не только в квантовой физике, но и в других областях современной науки. А, главное, оно является тем инструментом, который необходим в качестве расширения АГО Гроссмана для учета обоих вышеприведенных классов симметрий. Анализ класса задач, решаемых с помощью расширенного алгебро-геометрического отображения, которое можно назвать АГО Гроссмана-Фейнмана, показывает, что на данном этапе нашего познания, он будет выполнять роль класса суперсимметрий, а в последующем, с открытием новых симметрий (что является вполне вероятным), может потерять свой статус. Тем не менее сейчас АГО Гроссмана-Фейнмана можно считать математическим аппаратом наиболее общей теории. С точки зрения автоматизированных расчетов с применением вычислительной техники АГО Гроссмана-Фейнмана – это готовый алгоритм для применения как в цифровых, так и в аналоговых системах, способный обрабатывать все прерывания и перестановки, связанные с перечисленными симметриями. В частных случаях он может достаточно успешно использоваться и на современной технике. Подтверждением этого является совокупность всех проведенных за столетие экспериментов, в которых измеренные опытным путем параметры с высокой точностью совпали с расчетными, невзирая на способ интерпретации ОТО в целом.

5. О структуре материи в геометрической интерпретации

Вышеприведенный анализ показывает, что высказанная исследователями уже не одно десятилетие назад идея о возможности формулирования и интерпретации теории строения материи только геометрическими средствами весьма плодотворна и временно привлеченные экстравагантные интерпретации, используемые до сих пор, вполне могут кануть в лету.

В рамках геометрической интепретации может быть получено вполне убедительное и эффективное объяснение для объектов в классификации Э. Лизи [5], значение которой для теории структуры материи не менее важно, чем периодической таблицы Менделеева. В рамках 60-значного счисления общая симметрия для всех элементов классификации должна значительно упроститься и свестись, по-видимому, к возможности обнаружения на данном уровне 60-ти допустимых размеров для каждой из четырех симметрий измерительного инструмента (см. инвариант $I_\perp$ на рис.

6). Основанием для такого утверждения будут следующие аргументы.

Начиная еще с первых опытов по изучению строения атома, критичными параметрами для физических вычислений является площадь сечения (длина пробега) и угол рассеивания (элементарных) частиц. Хотя в современной математике вычисления и для площадей (линейных размеров) и для углов проводятся в десятичном счислении, тем не менее в ней и, следовательно, в физике не поддерживается выполнение в полной мере всех нормативов альтернативной конвенции. Так, например, для поддержания изоморфизма проводимых измерений площадей и углов единицей углового измерения в десятичном счислении, т.е. Одним Угловым Градусом, должен быть не радиан, а угол, равный одной десятой части угла полного, который в современной математике равен $\pi/5$ или $36°$. Соответственно этим значениям должны вычисляться и десятые ($\pi/50$ или $3,6°$), сотые ($\pi/500$ или $0,36°$),... доли Одного Углового Градуса, которые будут иметь название Одной Угловой Минуты, Секунды и т.д. Кроме того, в физике, как известно, наряду с целыми квантовыми числами для описания объектов микромира, наблюдаемых в экспериментах, привлекаются и нецелые квантовые числа, а именно, полуцелый спин и треть (две трети) электрического заряда (последнее относится к кваркам). Одна вторая и одна третья, будучи пермноженными дадут нам тот коэффициент (одну шестую), который исчезнет при переходе от дясятичного счисления обратно к 60-значному. Поэтому перейдя к 60-значному счислению в полном соответствии с установками шумеров (тем самым восстановится изоморфизм, утраченный в современной математике), мы избавимся от дробных квантовых чисел и все симметрии микромира будут описываться в точности целыми (квантовыми) числами. Это значит, что все заряды кварков и спины частиц будут целыми. Тогда в группе размерностью шестьдесят с учетом симметрии между знаками электрических зарядов, а также между фермионами-бозонами (частицами с полуцелыми и целыми спинами) мы получим в точности двести сорок целочисленных состояний для «особей» микрофауны, что в точности будет соответствовать расчетам Э. Лизи. В 60-значном счислении это будет простая группа размерностью четыре для каждого значения из шестидесятимерной матрицы-строки состояний. При этом любое из состояний может быть связано как с линейным (радиальным) параметром, так и с угловым или комбинированным. Как говорится, проще некуда. А работая в десятизначном счислении, Э. Лизи пришлось пользоваться весьма сложной группой, причиной чему является принятая в современной математике (физике) система измерений, нарушающая при отображении с помощью символов (чисел) изоморфизм, который, фактически независимо от предположений экспериментатора, объективно соблюдается при реальном измерении геометрических величин. В этой связи было бы более эффективно действовать в обратном направлении.

Взять в качестве исходных данных набор всех этих 240 параметров в целочисленном виде 60-значного счисления и с учетом смены измерительного инструмента с $\Delta 345$ на $\Phi \cdot (\Phi - D)$ коэффициентами привести их значения к десятичному счислению, а уже затем, исходя из конвенциональных значений постоянной тонкой структуры, определять последовательно значения всех физических констант, используемых в настоящее время. Таким образом, будет достигнуто полное согласие с началами всей математической конструкции.

Несмотря на связанные с открытием бозона Хиггса надежды некоторых физиков представить классификацию структурных элементов материи в законченном виде, можно привести и другую точку зрения. На следующем уровне изучения материи, а сомнения в существовании таковых беспочвенны, нас ждет открытие новых элементов. Например, существование экзотических элементарных частиц, обладающих не традиционными для современной теории наборами квантовых чисел, вполне возможно обосновать уже имеющимися математическими средствами, используя, в частности, правило сумм квантовой хромодинамики. Проблема в том, что вероятность их обнаружения доступными на данном этапе средствами чрезмерно мала. Принято считать, что они не устойчивы и быстро распадаются на частицы с традиционными квантовыми числами. Поэтому в современных экспериментах они не наблюдаемы и в связи с этим получили название экзотических или гибридных. Можно также предположить, что в будущем в рамках геометрической интерпретации последовательное объяснение существования вновь открытых частиц должно быть связано уже не с частным инвариантом $I_\perp$, а его общим видом I_{345} (Рис.4), включающем неучтенные симметрии для измерительной пары гипотенуза-высота $\Delta 345$. Тем не менее, формально следуя соотношениям геометрических величин (площадей квадратов) для инвариантов I_{345} и $I_{\perp}$ можно предположить, что в отношении параметров известных и предстоящих открыть частиц будут играть немаловажную роль числа $25/49$ и $1/25$.

Глава 3. Конструирование систем по-древнегречески

1. Вклад пифагорейцев

Используя шахматную терминологию, можно сказать, что современная математика – это хорошо разработанная теория игры в миттельшпиле. В ней не отражен ни дебют, ни эндшпиль, поскольку непонятно какова должна быть исходная «диспозиция», с которой могло бы все начинаться, хотя и имеется множество ее разрозненных эскизных набросков, представленных различными математическими школами, и уж вовсе необозримо к чему все должно сводиться. Математика позволяет лишь тактически достигать определенных преимуществ, промежуточные цели, но не более того.

Точно неизвестно как и для достижения каких целей возникла система шумеров. До наших дней дошло лишь множество глиняных табличек, датированных различными временными рамками в период процветания шумерской культуры, на которых представлены примеры решения конкретных задач и приближенных вычислений.

Их анализ показывает, что независимо от цели ее создания для системы шумеров была необходима как раз вполне определенная подробно и тщательно разработанная исходная «диспозиция», конвенция изоморфизма, чтобы в достаточной мере прояснить возможный «дебют» в ней, различные варианты которого представлены на тех или иных табличках.

Разрозненный характер описанных ими «дебютных» вариантов, каждый их которых связан с решением отдельной актуально возникающей в человеческой жизнедеятельности задачи, ничем не отличается от разнородности алгоритмов, используемых, например, в современной вычислительной технике, и может служить опосредованным подтверждением тезиса о том, что изначально амбициозность всей созданной шумерами системы заключалась, по крайней мере, в том, чтобы стать фундаментом при разработке в последующем для всего мироздания единого алгоритма, конструктивно представляющего собой сочетание отдельных (дискретных, разрозненных) алгоритмов, каждый из которых должен решать задачи частного характера.

В данном ракурсе становится очевидной и цель ее создания: первичной для шумеров была задача соразмерения величин именно в пространстве и времени, поскольку построение эффективного алгоритма сопряжено в первую очередь с необходимостью упорядочивания множества финитных процессов по некоторому параметру, размеренность и измеримость которого должна также обеспечиваться конструктивным способом верификации.

Еще одним косвенным подтверждением приведенного тезиса являются и сохраняющиеся впоследствии на протяжении веков и тысячелетий в странах древнего Востока традиции изложения математики. Оно «было догматическим, без обоснования правильности предлагаемых правил» [1, т.1, стр. 59], т.е. ничем значительно не отличающимся от изложения большинства конкретных программ, разрабатываемых на определенном языке для современных компьютеров.

Несмотря на имевшее место сохранение некоторых традиций в математике, сравнительный анализ тех же задач и задач более позднего периода показывает, что со временем другие традиции да и сама система шумеров подверглись значительной деформации. Необоснованное искажение отдельных норм конвенции или столь же безосновательное их игнорирование не могло не сказаться на структурном изменении самой математики и, как следствие, на отношении к ней исследователей из более поздних культур, в частности, математиков древней Греции.

«Преобразование математики из совокупности отдельных расчетных правил и приемов построений в совокупность стройных дедуктивных систем предложений, в которой эти правила и приемы получают свое строгое обоснование, является уделом древних греков» [1, т.1, стр. 57]. Утверждение совершено верное по форме, но требует некоторого уточнения по содержанию.

Во-первых, считается историческим фактом, что Пифагор доказал известную под его именем теорему. Во-вторых, выше было показано, что непосредственно из операционного расширения языка шумеров, связанного с принятием альтернативной конвенции изоморфизма, следует теорема Пифагора. Поэтому было бы вполне правомерным приписать именно Пифагору открытие данной альтернативы, оформление же установленного им факта в форме теоремы – дело лишь техники. В-третьих, большим плюсом к сказанному будет следующий из последнего допущения вывод о сохранении Пифагором преемственности амбициозного замысла и концепции математиков древних шумер. О чем, кроме всего прочего, свидетельствует и Аристотель. Говоря о пифагорейцах, он писал, как о факте, что «элементы чисел они предположили элементами всех вещей и всю вселенную <признали > гармонией и числом. И все, что они могли в числах и гармонических сочетаниях показать согласующегося с состояниями и частями мира и со всем мировым устройством, это они сводили вместе и приспособляли <одно к другому>...» [6, стр.44]. Здесь важно не столь то, *как* они это делали, сколь то, *что* они делали: искали, говоря современным языком, численный метод описания всего мирового устройства в целом, в точности следуя планам шумеров. Рассчитывая на возможность соразмерного определения пространственных и временных интервалов всеми, без исключения, числами конкретного счисления, они были уверены, что все материальное, объекты и процессы, могут быть единообразно упорядочены в пространстве и времени. Необходимое для данной цели средство они имели: математику, определяемую конкретной конвенцией изоморфизма.

Из этого можно сделать вывод, что именно пифагорейцы были наиболее последовательными преемниками древних шумер из всех древних греков, кто преобразовал математику «...в совокупность стройных дедуктивных систем предложений». Однако правильнее было бы сказать не «преобразовал», а «изложил» математику в таком виде. Ведь для обоснования альтернативной конвенции Пифагору пришлось восстановить всю систему шумеров с самого начала, объяснить что, как и почему в нее должно быть включено, проанализировать и вскрыть ее недостаток, установить его причину и только затем привести убедительный способ его устранения. Фактически со времен древних шумеров это был первый прецедент целостного изложения оснований математики.

Кроме перечисленного, в-четвертых, присовокупим к изложенному следующее. У Платона, а этот мыслитель, как известно, принадлежал пифагорейской школе, достаточно подробно сказано о методе для всех наук, которые «...пытаются постичь хоть что-нибудь из бытия»[7, стр.375]. Вот, что его словами говорит об этом Сократ в диалоге с Главконом:

«У кого началом служит то, чего он не знает, а заключение и середина состоят из того, что нельзя сплести воедино, может ли подобного рода несогласованность когда-либо стать знанием?

Никогда.

Значит, в этом отношении один лишь диалектический метод придерживается правильного пути: отбрасывая предположения, он подходит к первоначалу с целью его обосновать; он потихоньку высвобождает, словно из какой-то варварской грязи, зарывшийся туда взор нашей души и направляет его ввысь » [7, 375с].

Следовательно, только пифагорейцы, будучи наиболее последовательными преемниками шумер, в полной мере оценили их систему не только по цели, возможностям и используемым средствам, но и на методологическом уровне.

Ведь именно диалектический метод использовали шумеры для построения всей своей системы. Все элементы их конвенции связаны друг с другом условиями взаимной необходимости и достаточности. И ничего лишнего.

Но с ним никак не согласуется метод аксиоматический, который с подачи Аристотеля успешно используется вплоть до настоящего времени. Фундаментом его метода непременно является группа гипотез, знание которых мы полагаем установленным вследствие их «естественности» для нашего мироощущения. Но это иллюзия. На самом деле мы абсолютно ничего не знаем о них. Мы только полагаем, что знаем, но не более того. Причем сегодня знаем одно, а завтра – может быть другое. Далее, о каком заключении «сплетенном» с серединой может идти речь в аксиоматическом методе, если мы строим с его помощью не замкнутую систему, а линейную цепочку дедуктивных выводов, а посему само заключение остается недосягаемым, как пучок сена для насреддиновского ишака, и потому неведомым? Разве что в нем середина может быть «сплетена» с серединой. И только. Неужели методологические посылки Аристотеля были ошибочны и нам никогда не суждено высвободить, «словно из какой-то варварской грязи, зарывшийся туда взор нашей души»? Ниже обсудим его замысел более подробно.

2. Наследие Аристотеля

Очень интересное и подробное исследование по истории математики, в том числе и древнегреческого периода, представлено коллективом авторов под редакцией А.П. Юшкевича [1].

В нем отмечается, что следуя идее дедуктивного построения системы, греки решили «строить математику не на основе арифметики рациональных чисел, а на основе геометрии, определив непосредственно для геометрических величин все операции алгебры» [1, т.1, стр. 78]. Далее. «Уже в самой пифагорейской школе началось построение алгебры на основе геометрии – так называемой геометрической алгебры.... Основными объектами геометрической алгебры были отрезки и прямоугольники, а также параллелепипеды. Сложение отрезков представлялось путем приставления одного к другому, вычитание – путем выкидывания из большего отрезка части, равной меньшему. Операция вычитания была возможна лишь тогда, когда вычитаемое превосходило уменьшаемое. Произведением двух отрезков назывался построенный на них прямоугольник» [там же]. То есть алгебра пифагорейцев как и алгебра шумеров была по сути аддитивной. Далее.

«Геометрическая алгебра основывалась на античной планиметрии, представлявшей собой геометрию циркуля и линейки. Поэтому она была максимально приспособлена для исследования тождеств, обе части которых являются квадратичными формами, и для решения квадратных уравнений» [1, т.1, стр. 79].

В этом же исследовании показано:

а) как *задачи*, эквивалентные квадратичным уравнениям, в античной и древнегреческой математике решались с помощью циркуля и линейки и, наоборот,

б) что *все задачи* на построение с помощью циркуля и линейки алгебраически эквивалентны решению конечной цепочки квадратных уравнений.

Итак, налицо явная связь между способом построения геометрических объектов и классом сложности алгебраических структур, им соответствующих. Было бы очень кстати установить между ними связь диалектическую, т.е. взаимную необходимость и достаточность. Действительно, геометрия шумеров предполагает использование только циркуля и линейки. Данные инструменты необходимы для построения на плоскости геометрической модели материального объекта или процесса. Кроме того, они же являются и достаточным средством для воспроизведения геометрической модели любого материального объекта или процесса. По замыслу создателей системы используемый язык должен позволить заменить анализ физически исполняемых операций анализом вербальных. А последние связаны в точности с одним определенным классом сложности алгебраических структур – системой квадратных уравнений или меньшей степени. Доказав взаимно необходимую и достаточную связь между используемыми геометрическими инструментами и классом алгебраических структур, тем самым было бы установлено существование изиморфизма между геометрическими моделями материальных феноменов и корнями линейных и квадратичных уравнений. Однако, решением квадратного уравнения, как известно, может быть число иррациональное, т.е. заведомо не условно-целое, а, следовательно, не содержащееся в языке шумеров. Этот факт является весьма серьезным препятствием для установления искомой связи и свидетельствует, что даже «геометрическая броня античной математики» (термин А.П. Юшкевича) не в состоянии уберечь самоё математику от алгебраических «сюрпризов». Поэтому амбициозным планам шумеров, по-видимому, не суждено сбыться, и они, как полагал Аристотель, преждевременно делали выводы о возможностях своей системы, не исследовав ее основательно. Ведь создав замкнутую конструкцию (конвенцию) диалектически корректно, они затем выдвинули фактически только гипотезу, что она может быть использована для описания всего мироустройства, т.е. приняли без обоснования некоторую аксиому, которая теперь для последующей надстройки становилась, в свою очередь, недостаточно обоснованным «первоначалом». Но если планы шумеров невозможно реализовать, то получается, что не только весь воспринимаемый человеком мир, но даже та его (материальная) часть, что доступна человеку в его собственных ощущениях, не может быть описана рациональными средствами, а требует еще и иррациональных в самом широком, философском, понимании. С другой стороны, по сути речь идет не о самой возможности, а о *способе доказательства* ее существования. Значит лишь для доказательства ее существования необходимо привлечение, кроме рациональных, еще и существенно иррациональных средств, т.е. теологических.

Осмысление правильно сформулированной проблемы позволяет архисложную задачу свести к нескольким меньшей сложности. Рекурсивно следуя тем же способом, можно свести архисложную задачу к совокупности задач, решение которых доступно на данном этапе.

Судя по историческим данным, видимо, предпочитая подобный способ, Аристотель первым развил бурную деятельность в создании не взаимосвязанных, а раздельных наук. Амбиции шумеров, скорее всего предполагал он, могут распространяться на описание только части мироздания, что доступна человеку в его ощущениях. Следовательно, все знание о мироустройстве должно разделяться, скажем так, на науки теологические и не теологические; последние – на науки эмпирические и теоретические и т.д. В конце концов, возникает потребность в создании отдельных наук: геометрии, алгебры, логики, философии, этики, риторики, физики, химии, биологии, физиологии, анатомии, экономики и пр. и пр.

Общим методом для них является аксиоматический, общим инструментом — логика, для каждой имеется свой предмет исследования. Развитие каждой сопряжено с широтой охвата все большего количества свойств предмета исследования, согласующихся в своем описании с эмпирическими данными о них. По мере развития наук выявятся те, в которых допустимо использование математических методов. Совокупность всех наук, допускающих математическое моделирование, и будет отражать степень познания человеком рационального мироздания на данном этапе. А совокупность всех (наиболее общих) их математических моделей будет представлять единый алгоритм, на создание которого, претендовали амбициозные математики древних шумер. Далее. Задача единого алгоритма в том, чтобы переработать входные параметры в выходные. Поскольку и те и другие, по замыслу построения алгоритма, могут быть выражены числом, причем числом в самом широком смысле, а не только принадлежащим конкретному счислению или классу (полю), значит алгебра, как таковая является необходимым условием познания окружающего человеком. Если же эффективные решения алгоритма, согласующиеся с эмпирическими данными, получаются только при условии, что в его математическую модель встроены нормативы конвенции изоморфизма, значит система шумеров является еще и достаточным инструментом познания. Таким образом, Аристотель рассчитывал, что следуя идее Платона, «он подходит к первоначалу с целью его обосновать». И логическим обоснованием ее выбора в качестве «первоначала» для достижения требуемой цели будет эталонный по своей убедительности аргумент полного согласия теории и эксперимента.

Построение же такого алгоритма, вероятно, можно рассматривать в качестве математического «эндшпиля» в процессе многовекового «интеллектуального кульбита», не столь инициированного, сколь достаточно четко обозначенного Аристотелем. Данный алгоритм и должен быть математической моделью теории всего.

3. Система шумеров и теоретическая физика

Не должно возникать сомнений, что 60-значное позиционное счисление с аддитивной алгеброй необходимо для адекватного отображения объектов геометрии, евклидовость метрик которой и их взаимную корреляцию обеспечивает $\Delta345$.

Справедливо поставить следующий вопрос. Как доказать, следуя вероятному замыслу Аристотеля, что наличие данного средства, т.е. всей системы шумеров в целом, является и достаточным для достижения заявленной ими цели в физике?

По Аристотелю, необходимо наличие независимых наук: алгебры, геометрии, физики. В рамках геометрии требуется обосновать существование квадратичной формы самого общего вида с произвольными метрическими свойствами, которые обеспечивают имеющиеся измерительные инструменты. Построив для нее алгебраическую модель, показать, что ее частные решения, полученные в рамках конкретной конвенции изоморфизма, т.е. соответствующие значения определенных физических параметров, достаточно хорошо согласуются с произведенными измерениями тех же параметров. Тем самым будет показано, что она корректно описывает физические законы, не входя в противоречие с экспериментальными данными и алгебро-геометрическая модель данной квадратичной формы необходима для адекватного познания физики окружающего мира.

Развитие физики, вообще говоря, сопряжено с необходимостью изменения математической модели. Как показывает опыт, такое изменение до сих пор было связано с встраиванием квадратичной формы в большее количество различного рода алгебраических структур. Анализ используемых алгебраических надстроек, позволяет сделать вывод, что потребность в них возникает только в том случае, когда требуется ввести в модель физических взаимодействий еще неучтенные типы симметрий. Есть уверенность, что в конкретной конвенции изоморфизма множество различных типов симметрий измерительного инструмента конечно. Поэтому для учета всех потребуется алгебраическая конструкция с конечным числом структур. Будучи встроенной в нее, квадратичная форма должна, словно вращающийся бриллиант, проявлять различные симметрии полученной структуры (в виде ее конкретных решений), которая будет ничем иным, как алгебраическим расширением используемой конвенции, а кроме того, без последней не иметь вообще никаких решений или, что равносильно, иметь бесконечно много возможных решений.

Доказательством того, что данная конвенция изоморфизма является достаточной для познания физических законов, будет установление факта биективного соответствия всех возможных симметрий инструмента в процессе физически реализуемого способа измерения всем возможным решениям алгебраической структуры, расширяющей конвенцию. Накопленный эмпирический материал в современной физике позволяет привести подобный факт: он следует непосредственно из приведенной Э. Лизи классификации симметрий для всех известных элементарных частиц микромира, а их почти 240 штук.

4. Антропный принцип

Если проследить, как развивалась математика, то можно заметить, что, образно говоря, она надстраивалась подобно тому, как удлиняется пожарная телескопическая лестница, прирастающая секцией за секцией, начиная с единого основания. И причина тому – замечательные свойства системы шумеров. Однако данное сравнение еще не отражает всех особенностей последней. Дело в том, что их конструкция не только индуктивна, но и циклична, и диалектична, и масштабируема. Поэтому наиболее близким будет образ спирали, но не простой, а двойной спирали ДНК, надстраивающейся, словно телескопическая лестница. Скорее всего, такое совпадение не случайно, а является отображением глубинной связи между способом познания Человеком Вселенной и внутренней сущностью самого Человека, между тем, что и как Человек может познать и средствами, которыми он наделен для этого Природой.

Поэтому, во-первых, логический метод (замысел) Аристотеля в наиболее полной форме проявляется тогда, когда проходит некоторая эпоха и человек набирает достаточно эмпирического материала для завершения очередного витка спирали. Таким образом, в физике можно говорить только о теории «всего» для определенной эпохи, имеющей потенциал быть впоследствии надстроенной по индукции. Во-вторых, следует иметь в виду, что в современной науке наблюдателю отводится роль пассивного статиста, фиксирующего события, и полностью игнорируется его свойство взаимодействовать с окружающим, хотя де-факто он – полноправный субъект всех физических взаимодействий. В связи с чем, антропный принцип Джона Уиллера: «Наблюдатели необходимы для обретения Вселенной бытия (Observers are necessary to bring the Universe into being)» необходимо уточнить, дополнив его гипотезой, используемой до сих пор по умолчанию: «Вселенная необходима для обретения Наблюдателем бытия». Или в более компактном виде: «Наблюдатели и Вселенная взаимно необходимы друг другу для обретения бытия каждым»

5. Рациональное и иррациональное

В контексте предполагаемого замысла Аристотеля вполне объяснимо, например, прочтение теоремы Пифагора в редакции, дошедшей и до наших дней. По Аристотелю, в системе независимых наук теорема утрачивает свой концептуальный смысл, как и вся альтернативная конвенция. Теперь она должна исполнять роль «мостика», соединяющего две теоретические конструкции: алгебру и геометрию. Такая «перемычка» между ними может существовать, а может и отсутствовать — ведь каждая из абстрактных конструкций является независимой.

Однако мировоозрение человека, формирующееся на основе представления о независимости наук и их безграничной возможности, вне контекста замысла Аристотеля лишается, образно говоря, присущего системе шумеров «защитного слоя» и подвержено «коррозии», что со временем приводит к его деформации. Примером, не требующим излишних комментариев, является господствующее на Западе и набирающее силу во всем мире, мировоззрение рационального абсолютизма или крайнего (безграничного) рационализма.

В концепции шумеров допускается по умолчанию, что при любых текущих возможностях измерения геометрических величин всегда остается неизмеримое. Сколь бы далеко мы не продвинулись в алгоритмизации окружающего, всегда останется неалгоритмизированное. Но, как подчеркивали еще мыслители Эллады, целое, составленное из познанного и непознанного, — неизменно. И в остатке всегда будет то, учет чего невозможно обеспечить рациональным способом. Поэтому только совместно методы точных наук и методы теологического характера могут позволить познать наш многогранный Мир всесторонне и в достаточной мере: одного рационализма для этого недостаточно, необходимо учитывать еще и иррациональное. И не менее важно — соблюдать между ними баланс.

Трудно не согласиться с Анаксагором, сказавшим, что: «Разум правит миром». Но так не должно быть. Миром должен править не только он. Правление одного Разума без Веры — это путь к гибели Цивилизации. Человечество должно дать себе в этом отчет. Как в равной степени и в том, что по своим свойствам с человеком не может в принципе сравниться никакой искусственный интеллект, тем более создаваемый современными средствами. Пусть его изобретатели вспомнят, что еще в античные времена говорили:

число начинается с трех. Действительно, обеспечивающая метрику пространства и времени конвенция шумеров обусловлена возможностью построения правильного n-угольника с его последующей триангуляцией, и в ней нет места для счислений с размерностью $n = 1$ и $n = 2$ хотя бы потому, что такие «n-угольники» не имеют ни площадей ни углов. Ведь говорить в данном случае о взаимном изоморфизме между последними все равно, что сравнивать улыбку Чеширского Кота с "дыркой" от бублика (в получивших широкую известность условиях). Но видимо, только необузданная фантазия людей, подобных Кэрролу, рисовала им неограниченные возможности двузначного счисления и стимулировала его продвижение в современной математике. Да, данный путь не бесперспективен: он пригоден для механизации, например, пишущей машинки, кинокамеры с проектором, арифмометра, логарифмической линейки, но он ограниченный, а потому тупиковый для решения более сложных задач. И уж тем более для создания искусственного интеллекта не существует эффективного метода с данными средствами.

Но даже и без проблем со счислением рационалисту не постичь Человека. Разве может сравниться даже самая суперавтоматизированная пишущая машинка с простым гусинным пером в руках такого человека как Пушкин, Толстой, Достоевский. Да, современные «боты» могут скопировать многое, что известно уже нашей цивилизации. Их можно обучить сочинять стихи, прозу, музыку, писать картины и многому другому. Но самое большое, что они будут способны делать, так это исполнять работу в уже известном стиле, т.е. копировать, грубо говоря, уже известные технологические (алгоритмические) наработки, прилагая их к другому сырью, материалам, ресурсам. А создать то, что могут создать новые Пушкины, Чайковские, Айвазовские, Ломоносовы, Поповы, Королевы, которые рано или поздно появятся на свете, открыть новые горизонты прекрасного, более совершенные технологии, неведанные еще алгоритмы, т.е. совершать действительно интеллектуальную работу, – это им не под силу. И название им, судя по уготовленной роли, – *искусственный компиллятор интеллекта.*

Человек способен сам строить новые машины все лучше и лучше предыдущих, все ближе и ближе приближая их функции к своим собственным, открывая новые технологии (новые алгоритмы). Но при этом всегда будет оставаться Бездна еще непознанного, еще не открытого как в окружающем мире, так и внутри самого Человека. Именно в такой Бездне и будет оставаться непознанность Души человеческой. Не под силу Человеку «проалгоритмизировать» и понять умом такую Бездну, нет у него других средств для такого Познания, а одного рационализма для этого недостаточно. Это должно быть понятно, в конце концов, даже самому твердолобому рационалисту (материалисту). Человеку остается только не покладая рук познавать и открывать новое и всегда верить в существование Души.

Вот другой ракурс на то же самое для теолога. Ведь сказано: «И сотворил Бог человека по образу Своему, по образу Божию сотворил его...» [Ветхий завет. Бытие]. Значит, чем глубже изучишь сущность самого человека (а она также безмерна): его способности, возможности, способы взаимодействия с окружающим и существования в социуме и в одиночку и пр. и пр. свойства человеческие, тем ближе с Верой в сердце прикоснешься к началам познания Помыслов Его, изложенных в Слове Его. Разве это может противоречить задаче и методам Теологии, Богословия? Не должно. А ведь сколь бы глубоко не был изучен человек сам по себе, всегда будет оставаться бесконечно непознанное в нем, не так ли? И никто не сможет доказать, что самая важная суть человека не находится именно в той самой Бездне, которая еще не познана. Значит остается только вера в существование Души человека, и она должна быть всегда. А тем более Вера в Него. Следовательно, теологи просто не могут замкнуться на изучении Богословия и игнорировать чистую логику, чистую алгебру, геометрию, психологию, физиологию, биологию и многие, многие другие отдельные науки, позволяющие изучать хотя бы человека, как такового. Но ведь и психологи и физиологи и биологи, глубже и глубже изучая объект своих исследований, достигнут — одни позже, другие раньше — уровня современных физиков, изучающих структуру материи, подобно тому, как в свое время химики получили объяснение своей теории валентностей на физическом уровне. Значит познание не только человека, как такового, но и материального мира физических явлений тоже не может игнорироваться теологами, несмотря на различие объектов и методов изучения. Значит, все, и теологи и физики и все вышеперечисленные (и не перечисленные) специалисты, делают одно и то же дело, решают одну и ту же задачу.

В обоих ракурсах прослеживается одно и то же: только сбалансированнй тандем из равноправно развивающихся составляющих, эмпирических и теологических знаний, способен привести Цивилизацию к устойчивому существованию. И это касается не только отдельных наук, но и способа существования всей Цивилизации в целом.

Приложение. Геометрия и параметризованное «золотое сечение»

Ниже для справки приведены некоторые факты геометрического характера, относящиеся к «золотому сечению».

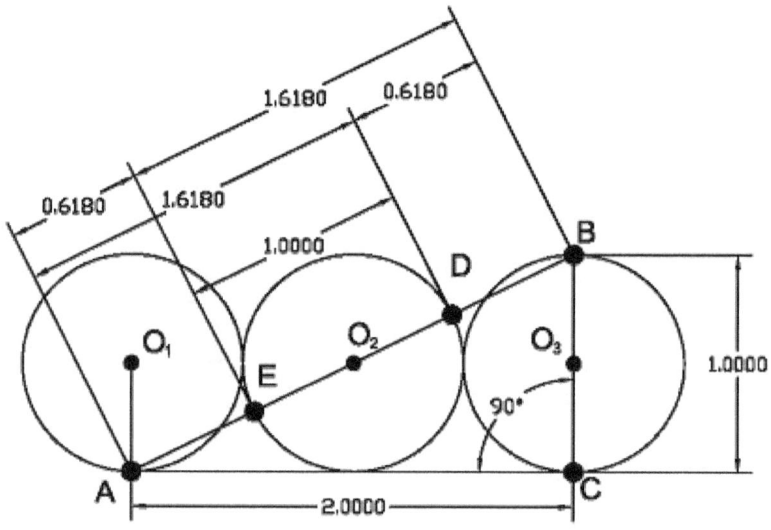

Рис.П1. «Золотое Сечение» гипотенузы прямоугольного треугольника (с катетами в пропорции $1:2$) средней окружностью с $d = 1$.

Длина гипотенузы $AB = \dfrac{\sqrt{5}}{2}$.

$$AB = BE = \Phi_1 = \frac{1 + \sqrt{5}}{2} \approx 1{,}6180339887\ldots; \quad AE = BD = \Phi_2 = \frac{-1 + \sqrt{5}}{2} \approx 0{,}6180339887\ldots.$$

С помощью циркуля и линейки сделаем геометрические построения на плоскости, как показано на рис. П1. Изобразим три окружности единичного диаметра $d = 1$, центры которых последовательно расположены на одной горизонтальной прямой в точках O_1, O_2, O_3, так что $O_1 O_2 = O_2 O_3 = d$. Построим прямоугольный треугольник ABC, катетами которого будет их общая касательная AC и вертикальный диаметр BC одной из крайних окружностей, например, O_3. Средняя окружность O_2 будет пересекать гипотенузу в двух точках E и D. В указанном на рисунке масштабе отрезки AD и BE равны $1,6180$ (значение округлено).

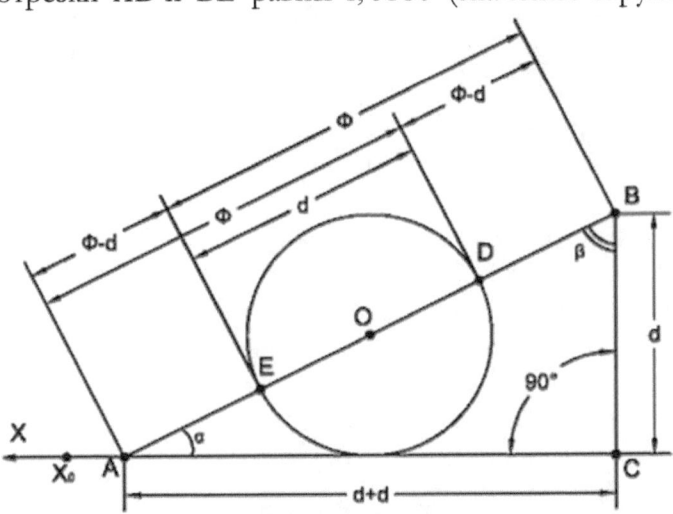

Рис.П2. «Золотое Сечение» гипотенузы прямоугольного треугольника (с катетами d и $2d$) окружностью диаметра d.

Построим подобный треугольник в произвольном масштабе (рис. П2). Введем обозначения $AD = BE = \Phi$ и $AE = BD = \Phi - d$. Таким образом, мы разделили гипотенузу $AB = 2\Phi - d$ на крайние и средний отрезки, которые составляют пропорцию:

$$\frac{\Phi}{d} = \frac{d}{\Phi - d} \; . \qquad\qquad (\text{П.1})$$

В последнем выражении будем считать d заданным параметром (переменной, масштабом), от которого зависит значение $\Phi = \Phi(d)$. При $d = 1$ выражение (П.1) примет широко распространенный вид «золотой пропорции» (рис. П1):

$$\Phi_0 = \frac{1}{\Phi_0 - 1}, \qquad\qquad (\text{П.2})$$

где $\Phi(1) = \Phi_0 \approx 1,61803398\ldots$.

Покажем связь «золотой пропорции» с теоремой Пифагора (ТП). Построим с помощью циркуля и линейки из четырех треугольников, равных треугольнику ABC, фигуру, состоящую из двух квадратов: квадрата $CQXY$ со стороной, равной сумме катетов треугольника ABC $(CQ = QX = XY = YC = 3d)$, и вложенного в него квадрата $ABSR$ со стороной, равной гипотенузе того же треугольника $(AB = BS = SR = AR = 2\Phi - d)$, как показано на рис. П3. Каждую сторону квадрата $ABSR$ разделим на три отрезка: $\Phi - d$, d и $\Phi - d$. Через полученные точки проведем в квадрате $ABSR$ параллельные линии так, чтобы выделить в его центре квадрат со стороной d и по его перефирии четыре одинаковых прямоугольника со сторонами Φ и $\Phi - d$. Теперь нетрудно заметить, что поскольку для треугольника ABC верна теорема Пифагора, постольку выполняется равенство между площадями четырех прямоугольников со сторонами Φ и $\Phi - d$ и квадрата со стороной $2d$, восстановленного на большем катете треугольника. Отсюда следует выражение (П.1). Таким образом, «золотое сечение» обусловлено ТП. Можно показать, что и, наоборот, нарушение соотношения (П.1) между крайним и средним отрезками влечет невыполнение ТП для данного треугольника.

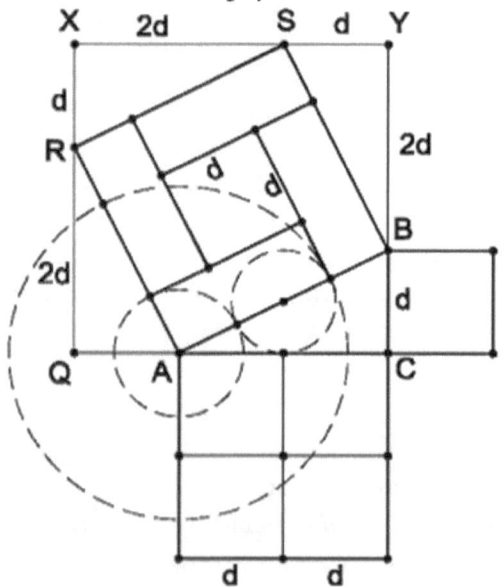

Рис. П3. Золотое сечение и теорема Пифагора.

На рис. П4 приведены примеры деления гипотенузы на крайние и средний отрезки для треугольников, катеты которых находятся в отношении $1/3$ и $1/4$. Аналогичное деление гипотенузы можно построить для любого положительного действитеьного n при заданном масштабе d. Пусть длина второго катета будет равна

$x = kd$ (где k - произвольное положительное действительное число) (рис. П5), тогда для всей действительной полуоси с положительными значениями будем иметь (в соответствие с ТП) отображение:

$$4\Phi(x,d)\big[\Phi(x,d)-d\big]=x^2,$$

где каждому положительному x и d соответствует свое значение $\Phi(x,d)$. Для общего случая пропорция примет вид:

$$\frac{2\Phi(x,d)}{x}=\frac{x}{2\big[\Phi(x,d)-d\big]}.$$

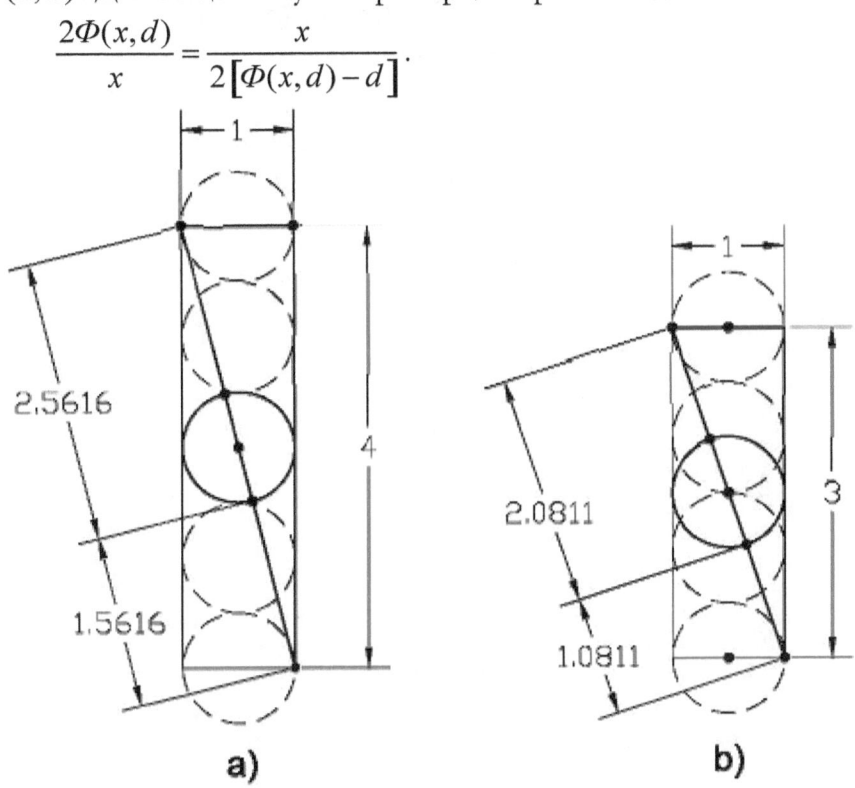

Рис.П4. Сечение гипотенузы на «крайние и средний» отрезки при отношении катетов $1/n$, где n- натуральное число:
a) $n=4$;   b) $n=3$.

Используя циркуль и линейку, покажем, как разделить на десять равных частей окружность диаметра d с помощью отрезка «золотого сечения». Используя в качестве основы рис. П2, сделаем дополнительные построения. Проведем две окружности радиуса $AE = \Phi - d$ с центром в точке A и радиуса d с центром в точке K, отметим точку L пересечения построенных окружностей и соединим ее отрезками с центрами A и K, как показано на рис. П6. Отметим точки M и N пересечения отрезков AL и KL с окружностями радиуса O_1A и AE соответственно. Докажем, что каждый из углов $\angle AO_1M, \angle AKL, \angle NAL$ равен $\pi/5$ и, следовательно, стягивает дугу, равную $1/10$ части соответствующей окружности. Рассмотрим треугольники ΔAO_1M, ΔAKL и ΔANL. Они являются равнобедренными, т.к. каждый из них содержит пару сторон, являющихся радиусами одной окружности; они подобны, т.к. содержат равные углы в основании.

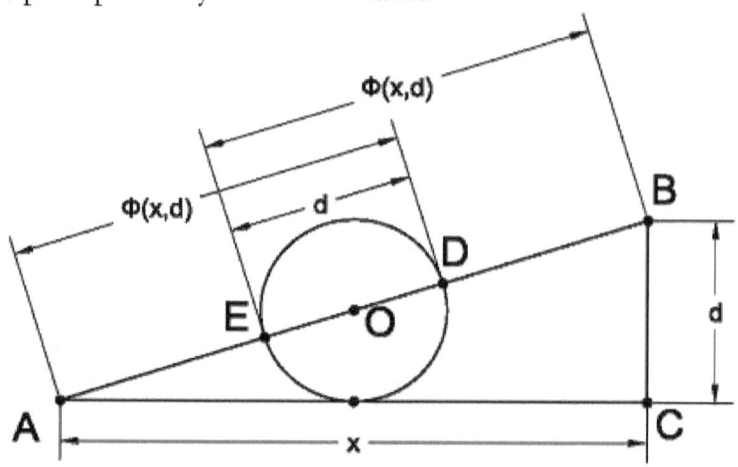

Рис.П5. Деление гипотенузы произвольного прямоугольного треугольника на крайние и средний отрезки:

в т. O деления гипотенузы пополам $(AO = OB)$ при данной длине одного катета $BC = d$ и произвольной длине второго $AC = x$ восстанавливается окружность диаметра d:

$$AD = BE = \Phi(x,d); \qquad AE = BD = \Phi(x,d) - d;$$

$$4\Phi(x,d)\left[\Phi(x,d) - d\right] = x^2\,; \qquad \frac{2\Phi(x,d)}{x} = \frac{x}{2\left[\Phi(x,d) - d\right]}.$$

Для нашего доказательства необходимо показать: углы в соответствующих равнобедренных треугольниках находятся в определенном соотношении, а именно, угол β в основании любого из них в два раза больше угла α его вершины $(\beta = 2\alpha)$. В этом случае сумма всех углов треугольника кратна сумме пяти равных частей $(\alpha + 2\alpha + 2\alpha)$ таких, что одна из них равна углу между его боковыми сторонами. Так как сумма всех углов треугольника равна $180°$, следовательно, угол между боковыми сторонами будет равен

$36°$ и указанные стороны стягивают дугу, равную $1/10$ части соответствующей окружности.

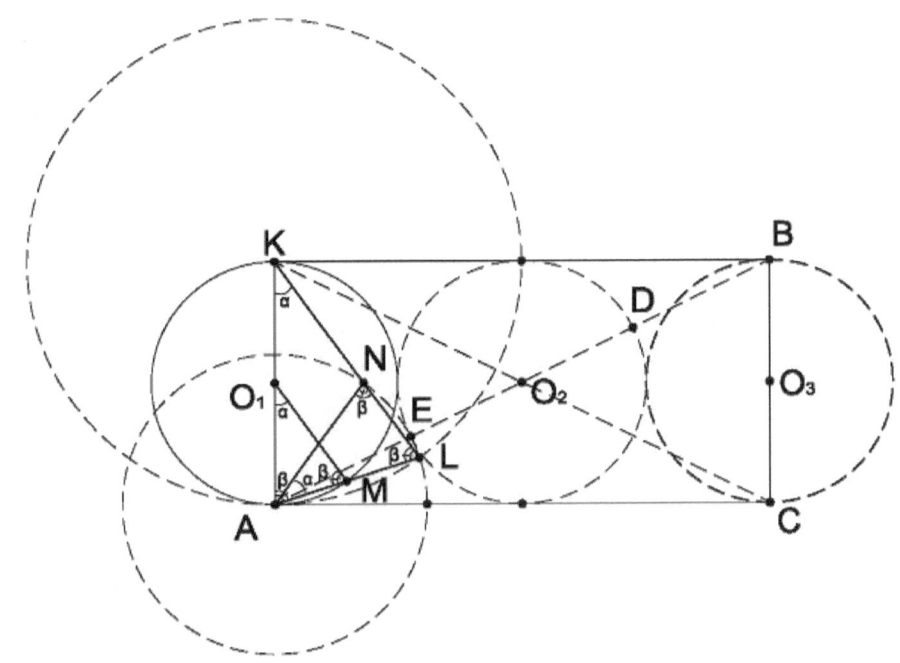

Рис.П6. Деление на десять равных частей окружности, построенной в данной точке с помощью отрезков золотого сечения.

Докажем, что ΔAKN равнобедренный, т.е. $KN = AN$. Тогда оба угла в основании ΔAKN будут равны $\angle KAN = \angle AKN = \alpha$, но $\alpha \equiv \angle KAN = \angle KAL - \angle NAL = \beta - \alpha$. Из последнего мы получим, что $\beta = 2\alpha$, и наше утверждение будет доказано.

Итак, $AN = AL = \Phi - d$ по построению окружности, радиусами которой являются AN, AL. Кроме того, $KN = KL - NL$. Далее, $KL = d$ по построению окружности, радиусом которой является KL. Чтобы определить KN, надо знать NL. Последний вычисляется из подобия треугольников ΔAKL и ΔANL с учетом выражения (П.1). Из соотношения подобных сторон имеем

$$\frac{NL}{AL} = \frac{AL}{KL},$$

или

$$\frac{NL}{AL} = \frac{\Phi - d}{d} = \left[\text{из}(\Pi.1) \Rightarrow \right] = \frac{d}{\Phi}.$$

Откуда

$$NL = \frac{(\Phi - d)d}{\Phi},$$

$$KN = d - \frac{(\Phi - d)d}{\Phi} = \frac{d^2}{\Phi} = \left[us(\Pi.1) \Rightarrow \right] = \frac{(\Phi - d)}{d}d = \Phi - d.$$

В итоге получим, что $KN = AN = \Phi - d$, значит $\triangle AKN$ — равнобедренный. Как было сказано выше, отсюда следует: $\alpha = \pi/5$. Утверждение доказано.

Примечания

1. Изоморфизм обычно устанавливается между математическими структурами, каждая из которых состоит из совокупности (множества) математических объектов и набора внутренних математических операций (отношений) над своими объектами. Для доказательства изоморфизма между структурами требуется привести некоторое биективное отображение между объектами обеих структур и показать, что данное отображение не нарушает внутренние законы каждой структуры, определяемые их наборами внутренних операций.

2. В современной математике вместо подобного рода суммирования принято использовать умножение, т.е. вместо выражения $\sum\limits_{60}\left|\left(N_{2j+1}\right)\right|$ записывают $60\times\left|\left(N_{2j+1}\right)\right|$ или более корректно $\{(1)(0)\}\times\left|\left(N_{2j+1}\right)\right|$, тем не менее всюду, где возможно, вместо мультипликативных операций будем использовать их аддитивные аналоги)

3. Для счисления с основанием отличным от десяти будем использовать слова: Единицы, Десятки, Сотни, Тысячи и т.д., определяющие в нем название порядка цифры по аналогии со счислением десятичным. Для того же счисления с заглавной буквы будут начинаться и слова, производные от приведенных, а также Ноль.

4. «...когда мы признаем лишь возможность неограниченного продолжения построений, отвлекаясь от технических, временных трудностей, но не считаем, что существует множество всех результатов этого построения» [2, стр.225]. Кстати, там же отмечено, что «...такого рода абстракции вполне достаточно, например, для построения большей части теории натуральных чисел.»)

5. В дальнейшем под длиной линии подразумевается количество квадратов с одночастичной стороной, расположенных вдоль нее.

6. Обычно для демонстрации способа деления окружности на пять (десять) частей сначала строят окружность, затем выделяют в ней два взаимоортогональных отрезка, радиус и полурадиус, т.е. иным путем приходят к схеме, представленной на рис. 6.

Литература

1. А.П. Юшкевич История математики с древнейших времен до начала XIX столетия. М.: Наука, т. 1,2,3 – 1970-1972.
2. Колмогоров А.Н., Драгалин А.Г. Математическая логика. Изд. 2-е, стереотипое. – М.: Едиториал УРСС, 2005. – 240с.
3. Стюарт И. Истина и красота: Всемирная история симметрии/ Иэн Стюарт; пер. с англ. А. Семихатова. – М.: Астрель: CORPUS, 2010. -461, [3] с. – (ЭЛЕМЕНТЫ)
4. Успенский В. А. Семь размышлений на темы философии математики. Интернет-ресурс Phusics Animation: http://physics-animations.com/matboard/themes/1600.html
5. A. Garrett Lisi. An Exceptionally Simple Theory of Everything. Интернет-ресурс: http://arxiv.org/abs/0711.0770
6. Аристотель. Метафизика. Переводы. Комментарии. Толкованиия/Сост. и подготовка текста С.И. Еремеев. – СПб.: Алетейя, 2002г.; Киев:Эльга, 2002г. – 832с.
7. Платон, Государство, 375с Сочинения в четырех томах. Т.3. Ч.2 / Под общ. Ред. А.Ф.Лосева и В.Ф.Асмуса; Пер. С древне-греч. – СПб.: Изд-во С.-Петерб. ун-та; «Изд-во Олега Абышко», 2007. – 731с.
8. Википедия. Свободная энциклопедия. Интернет-ресурс: https://ru.wikipedia.org/wiki/%D0%A8%D1%83%D0%BC%D0%B5%D1%80%D1%81%D0%BA%D0%B8%D0%B9_%D1%8F%D0%B7%D1%8B%D0%BA .

www.ingramcontent.com/pod-product-compliance
Lightning Source LLC
Chambersburg PA
CBHW022129170526
45157CB00004B/1812